职业教育"十三五"规划教材

信息化数字资源配套教材

工业机器人

操作与编程(KUKA)

韩 勇 徐明霞 梁 毅 主编

余 倩 周远非 武昭妤 副主编

化学工业出版社

·北京·

内 容 提 要

本书采用项目式编排，将每个项目分为多个任务，以实际的工作任务为主线，通过知识点讲解、任务练习和操作示范，辅以丰富的图文、微课视频及操作示例，做到"学中做、做中学"，构建工业机器人操作与编程的知识技能体系。内容包括机器人认知、工业机器人操作基础、工业机器人运行准备、工业机器人示教编程、工业机器人高级编程、外部自动运行、空间监控及 WorkVisual 使用。

本书可作为相关专业职业院校的教材，也可作为科技人员参考用书和培训用书。

图书在版编目（CIP）数据

工业机器人操作与编程：KUKA/韩勇，徐明霞，梁毅主编. —北京：化学工业出版社，2020.6（2024.8重印）
职业教育"十三五"规划教材　信息化数字资源配套教材
ISBN 978-7-122-36483-8

Ⅰ.①工… Ⅱ.①韩… ②徐… ③梁… Ⅲ.①机器人-程序设计-职业教育-教材 Ⅳ.①TP242

中国版本图书馆 CIP 数据核字（2020）第 046920 号

责任编辑：韩庆利　　　　　　　　　　　文字编辑：葛瑞祎
责任校对：王素芹　　　　　　　　　　　装帧设计：刘丽华

出版发行：化学工业出版社（北京市东城区青年湖南街 13 号　邮政编码 100011）
印　　装：河北延风印务有限公司
787mm×1092mm　1/16　印张 14¾　字数 343 千字　2024 年 8 月北京第 1 版第 6 次印刷

购书咨询：010-64518888　　　　　　　　售后服务：010-64518899
网　　址：http://www.cip.com.cn
凡购买本书，如有缺损质量问题，本社销售中心负责调换。

定　　价：45.00 元

前言

随着"工业4.0"的发布和"中国制造2025"的实施,中国制造业发展和产业升级有了明确道路和方向,即智能制造。工业机器人作为智能化中最具代表性的装备,目前已广泛应用于汽车、电子电气及装备制造等行业。机器人革命已成为"第四次工业革命"的一个切入点和重要增长点,将影响全球制造业格局。近年来,虽然我国工业机器人产业发展迅速,但工业机器人专业技术人才匮乏已成为产业发展的瓶颈。目前,国内各职业院校相继开展工业机器人技术专业建设,着力于应用型人才的队伍建设,加大了对工业机器人产业应用型人才的培养力度。

工业机器人是面向工业领域的多关节机械手或自由度的机器装置,是一种可自由编程并受程序控制的操作机,其操作和编程是工业机器人系统维护、调试、集成、应用编程必须掌握的基本技能。KUKA(库卡)机器人有限公司是世界领先的工业机器人制造商之一,其工业机器人具有本体刚度好、运动精度高、型号种类齐全、应用领域广泛等优势,在各行各业得到了广泛的应用,相应的技术技能人才需求量也不断增大,因此本书选取KUKA工业机器人为对象,讲解机器人结构、原理、操作及编程,帮助初学者掌握机器人基本操作技能。

本书依据高职院校教学和社会技能培训的要求,结合KUKA机器人授权研究院(成都)近几年教学实践和社会培训的经验,对接企业岗位技能和职业素养,归纳、凝练、组织本书的重要知识点。本书适合职业院校工业机器人技术、自动化等相关专业学生,以及从事于工业机器人操作与运维人员学习,也可作为工业机器人应用编程人员的学习读物,可帮助读者对KUKA机器人操作、编程有一个基础的了解。

本书以"理实一体、工学结合"为指导思想,围绕KUKA机器人基本操作和编程,精心编排了8个项目,包括工业机器人认知、工业机器人操作基础、工业机器人运行准备、工业机器人示教编程、工业机器人高级编程、工业机器人外部自动运行、工业机器人空间监控及WorkVisual使用。本书采用项目式教学,将每个项目分为多个任务,以实际的工作任务为主线,通过知识点讲解、任务练习和操作示范,辅以丰富的图文、微课视频及操作示例,做到"学中做、做中学",构建工业机器人操作与编程的知识技能体系,培养学生实践操作能力和职业素养。

本书由成都工业职业技术学院韩勇、蒲江县技工学校徐明霞、蒲江县职业中专学校梁毅担任主编，成都工业职业技术学院余倩、周远非、武昭妤担任副主编，成都工业职业技术学院奉友勤、侯益波、王丽、王斌、于翔、何振中、李笑平及蒲江县职业中专学校余代雄参与编写。成都工业职业技术学院文广教授担任本书主审，对本书的大纲和内容进行了多次审定和修改。在本书编写过程中，KUKA 机器人有限公司（上海）和 KUKA 机器人授权研究院（成都）给予了大力的支持、鼓励和帮助，同时还参阅了部分相关教材及技术文献，在此表示衷心的感谢。

为便于读者学习和教师授课，本书配备了丰富的 PPT 课件、微课视频等学习资源，微课视频等可扫描书中二维码观看学习，课件等资源可到化学工业出版社教学资源网 www.cipedu.com.cn 下载。

尽管编者致力于编写一本让读者满意的书籍，但编者的水平有限、编写时间仓促以及机器人技术的不断更新，书中难免存在疏漏和不足之处，真诚希望广大读者朋友提出宝贵的意见和建议。

编　者

目 录

项目1　工业机器人认知

项目2　工业机器人操作基础

项目3 工业机器人运行准备

项目4 工业机器人示教编程

项目5　工业机器人高级编程

项目6　工业机器人外部自动运行

项目7　工业机器人空间监控

项目8　WorkVisual使用

参考文献

项目 ① 工业机器人认知

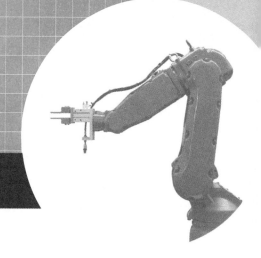

知识导图

工业机器人认知
- 认识工业机器人
  - 工业机器人定义及分类
  - 工业机器人的应用
- KUKA机器人结构和功能认知
  - KUKA机器人机械系统
  - KUKA机器人控制系统
  - KUKA机器人示教
- KUKA机器人安全规范认知
  - KUKA机器人防护装置
  - KUKA机器人安全操作规范
  - KUKA机器人维护保养

项目导入

机器人是集机械、电子、控制、计算机、传感器、人工智能等多学科先进技术于一体的自动化装备，代表着未来智能装备的发展方向。机器人产业本身也会带动相关的智能化、自动化、软件、传感器，甚至仿生学等方面的发展，是一个技术含量高、关联性强的产业。以机器人为代表的自动化和智能制造技术，更是当前和今后一个时期我国推进两化深度融合的核心目标，是我国建设制造强国的关键所在。

学习目标

❶ 知识目标
- ➤ 熟悉机器人的定义
- ➤ 掌握机器人的部件、结构、特性
- ➤ 掌握机器人应用技术的应用领域、应用现状与发展趋势

❷ 技能目标
- ➤ 能够描述机器人的部件、结构及组成
- ➤ 能够描述机器人应用领域及发展趋势

学习任务

- ➤ 任务1.1　认识工业机器人
- ➤ 任务1.2　KUKA 机器人结构和功能认知
- ➤ 任务1.3　KUKA 机器人安全规范认知

任务 1.1　认识工业机器人

1.1.1　工业机器人定义及分类

(1) 工业机器人定义

机器人（Robot）一词来源于捷克作家卡雷尔·恰佩克 1921 年创作的一个名为 "Rossums Universal Robots"（罗素姆万能机器人）的剧本。在剧本中，恰佩克把在罗素姆万能机器人公司生产劳动的那些家伙取名为 "Robot"（源于捷克语的 "robota"），其意为 "不知疲倦的劳动"。

在现代工业的发展过程中，机器人逐渐融合了机械、电子、动力、控制、传感器检测、计算机技术等多门学科，成为现代科技发展极为重要的组成部分。

根据国际机器人联合会定义，机器人是一种半自主或全自主工作的机器设备，能完成有益于人类的工作，服务于生产过程称之为工业机器人，服务于特殊环境称之为专用机器人，服务个人或家庭称之为家用机器人。

根据 ISO-8373—2012 的定义，工业机器人是指能够自动控制、可重复编程、有 3 个以上自由度、可以在固定或移动平台上实现人类要求的工艺步骤，包括但不限于制造、检验、包装和装配等。

(2) 工业机器人分类

工业机器人的分类方式很多，可以按机械结构、操作机坐标形式等进行分类。根据工业机器人的结构形态，主要有垂直串联型、水平串联型、并联型三大类。

①垂直串联　也称为关节手臂机器人或关节机械手臂，是当今工业领域中最常见的工业机器人形态之一。适合用于诸多工业领域的机械自动化作业，比如，自动装配、喷漆、搬运、焊接等工作。机器人前 3 个关节决定机器人在空间的位置，后 3 个关节决定其姿态，多以旋转关节形式存在。

②水平串联　也称为平面关节坐标型机器人，其在平面内运动，结构简单，性能优良，运算简单，适于精度较高的装配操作。SCARA 机器人有 3 个旋转关节，其轴线相互平行，在平面内进行定位和定向；另一个关节是移动关节，用于完成末端件在垂直于平面方向的运动。这类机器人的结构轻便、响应快，最适用于平面方向进行定位、垂直方向进行装配的作业。

③并联型　可以定义为动平台和定平台通过至少两个独立的运动链相连接，机构具有两个或两个以上自由度，且以并联方式驱动的一种闭环机构。并联机器人的特点呈现为无累积误差，精度较高；驱动装置可置于定平台上或接近定平台的位置，这样运动部分重量轻，速度高，动态响应好。

1.1.2　工业机器人的应用

随着工业机器人发展的深度、广度和机器人智能水平的提高，工业机器人已在众多领域得到了应用。目前，工业机器人已广泛应用于汽车制造业、机械加工行业、电子电气行业、橡胶及塑料工业、食品工业、木材与家具制造业等领域中。在工业生产中，弧焊机器人、点焊机器人、分配机器人、装配机器人、喷漆机器人及搬运机器人等工业机器人都已被大量应用。

汽车制造业是一个技术和资金高度密集的产业，也是工业机器人应用最广泛的行业，占整个工业机器人的一半以上。在我国，工业机器人最初也是被应用于汽车和工程机械行业中。在汽车生产中，工业机器人是一种主要的自动化设备，在整车及零部件生产的弧焊、点焊、喷涂、搬运、涂胶、冲压等工艺中大量使用。据预测，我国正在进入汽车拥有率上升的时期，工业机器人在我国汽车行业的应用将得到快速发展。

工业机器人除了在汽车行业的广泛应用外，在电子、食品加工、非金属加工、日用消费品和木材家具加工等行业的需求也快速增长。另外，工业机器人在石油方面也有广泛的应用，如海上石油钻井、采油平台、管道的检测，炼油厂、大型油罐和储罐的焊接等均可使用工业机器人来完成。

未来几年，传感技术、激光技术、工程网络技术将会被广泛应用在工业机器人工作领域，这些技术会使工业机器人的应用更高效、高质，运行成本更低。

目前，我国工业机器人已开始关注新兴行业，在一般工业应用的新领域，如光伏产业、动力电池制造业、食品工业、化纤行业、玻璃纤维行业、砖瓦制造行业、五金打磨行业、冶金浇铸行业、医药行业等，都有工业机器人代替人工的环节和空间。

任务 1.2 KUKA 机器人结构和功能认知

KUKA Roboter Gmbh 公司位于德国奥格斯堡，是世界顶级工业机器人制造商之一。KUKA 工业机器人由于其工作效率高、精度较高、操作简便等特点，被广泛应用于工业生产的诸多领域。KUKA 机器人由机械系统、控制系统、示教器组成，如图 1-1 所示，机械系统是机器人的执行机构、控制系统是机器人的神经中枢，示教器是机器人与人的交互接口。

1.2.1 KUKA 机器人机械系统

机械手是机器人机械系统的主体，由数个刚性杆体和旋转或移动的关节连接而成，它是一个开环关节链，开环关节链的一端固定在基座上，另一端是自由的，安装着末端执行器（如焊枪）。在机器人工作时，机器人机械臂前端的末端执行器必须与被加工工件处于相适应的位置和姿态，而这些位置和姿态是由若干个臂关节的运动所合成的。KUKA 机器人机械系统，主要由以下几个部分组成。

① 机身 如同机床的床身结构一样，机器人的机身是机器人的基础支撑。有的机身底部安装有机器人行走机构，构成行

图 1-1 KUKA 机器人系统组成
1—控制系统（控制柜 KR C4）；2—机械手（机械系统）；
3—示教器（KUKA smartPAD）

走机器人；有的机身可以绕轴线回转，构成机器人的"腰"；若机身不具备行走及回转机构，则构成单机器人臂。

② 手臂　手臂一般由上臂、下臂和手腕组成，用于完成各种简单或复杂的动作。

③ 关节　关节通常分为滑动关节和转动关节，以实现机身、手臂、末端执行器之间的相对运动。

④ 末端执行器　末端执行器是直接装在手腕上的一个重要部件，它通常是用来模拟人的手掌和手指的，可以是两手指或多手指的手爪末端操作器，有时也可以是各种作业工具，如焊枪、喷漆枪等。

各轴的运动通过伺服电机的调控而实现，这些伺服电机通过减速器与机械手的各部件相连。KUKA 机器人自由度如图 1-2 所示。

图 1-2　KUKA 机器人自由度

KUKA 机器人的轴数为 4～6，作用范围：0.54m（KR3 R540）～3.9m（KR120 R3900），自重：20～4700kg，精确度：0.03～0.2mm。工业机器人选型应考虑机器人的自由度、负载、最大运动范围、速度等因素。自由度越高，机器人的灵活性也就越好。负载决定了机器人工作时候可以承载的最大重量，负载高的机器人效率会高一些。

笔记

1.2.2　KUKA 机器人控制系统

早在 1966 年，KUKA 机器人就采用了当时最为开放和被广泛接受的标准工业 PC 和 Windows 操作系统作为 KUKA 机器人的控制系统和操作平台，使 KUKA 机器人的控制系统成为最为开放和标准化程度最高的控制系统，而今也正在逐渐成为全球的标准。KUKA 机器人控制系统的基本功能：控制机械臂末端执行器的运动位置、控制机械臂的运动姿态、控制运动速度和加速度、控制机械臂中各动力关节的输出转矩、具备操作方便的人机交互功能、使机器人对外部环境有检测和感知功能。

机器人机械系统由伺服电机控制，而该电机则由控制系统控制。KUKA 机器人控制系统简称 KR C，目前广泛应用的是 KR C4 控制系统。KR C4 系统架构中集成的所有安全控制（Safety Control）、机器人控制（Robot Control）、运动控制（Motion Control）、逻辑控制（Logic Control）及工艺过程控制（Process Control）均拥有相同的数据基础和基础设施，并可以对其进行智能化使用和分享，从而使系统具有最高性能、可升级性和灵活性。

1.2.3 KUKA 机器人示教系统

示教也称为引导，即由用户引导机器人一步步将实际任务操作一遍，机器人在引导过程中自动记忆示教每个动作的位置、姿态、运动参数、工艺参数等，并自动生成一个连续执行全部操作的程序。完成示教后，只需给机器人一个启动命令，机器人就会精确地按示教动作一步步完成全部操作，这就是示教与再现。KUKA 机器人的示教和操作通过手持操作器 KUKA smartPAD 进行，运用 KUKA 独一无二的 6D 鼠标编程操作机构，把飞行器操作的理念引入到机器人操作中，使得机器人的操作和示教犹如打游戏一样轻松。KUKA 机器人操控器如图 1-3 所示。

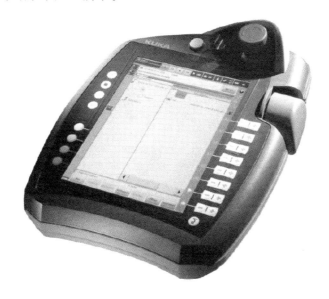

图 1-3　KUKA 机器人操控器

笔记

通过移动键和 6D 鼠标可移动机器人。KUKA 机器人提供了多种运行模式，可通过运行方式进行开关选择。

① 手动慢速 T1 模式，用于测试、编程、示教。该模式下程序运行机器人速度和手动运行机器人速度最高为 250mm/s。

② 手动快速测试运行 T2 模式，在该模式下运行程序，程序速度等于编程速度，不能手动运行。

③ 自动运行 AUT 模式，不带上级控制，该模式下程序速度等于编程速度，不能用运行键或 6D 鼠标。

④ 外部自动 AUT EXT 模式，带上级控制（PLC），该模式下程序速度等于编程速度，不能用运行键或 6D 鼠标。

1.2.4 KUKA 机器人编程方法

为了完成特定的作业任务，综合应用机器人的运动和作业指令编写程序，预先给机器人设置动作顺序描述，规定机器人动作和作业内容，保证作业过程的自动完成，此过程称为机器人编程。机器人编程时，控制器需要大量的信息去实现机器人作业的可重复性，主要包括机器人动作类型、位置、姿态、速度加速度、等候条件、分支等信息，此类信息也是机器人编程的重点。按照编程方式不同，KUKA 机器人分为示教法在线编程、离线编程和文字编程。

（1）示教法在线编程

示教法在线编程中大多数应用程序都是在线，即直接在机器人工作单元内编程，可以便捷地对位置坐标及数据进行存储。一方面，示教在线编程法是一种简单的传统编程方式，确定运动指令直观；但另一方面，一旦程序逻辑要求较高时，文字输入数据较大，会降低其操作的便捷性。

如图 1-3 所示，KUKA 机器人是利用 smartPAD 进行示教编程的，编程过程中，操作者通过示教器控制机器人的运动，使其到达作业位置，通过联机表单和 KRL 语言将机器人的位置、姿态、坐标系、运动参数等信息保存下来，最后通过示教再现编程的运动，使机器人可重复示教动作。

（2）离线编程

离线编程是利用计算机图形成果，借助图形处理工具建立机器人项目的几何模型，结合作业工艺，对模型中图形进行操作、控制和计算，离线规划出机器人的作业运动轨迹，并对规划进行仿真，检查轨迹的运行情况、碰撞和工作空间，确认无误后下载到机器人控制系统，用以控制机器人的运动。

如图 1-4 所示，KUKA 机器人通过计算机软件 KUKA SimPro 进行编程，利用软件的操作界面进行图形辅助的互动离线编程，用户可创建机器人运动系统及其环境，列出操

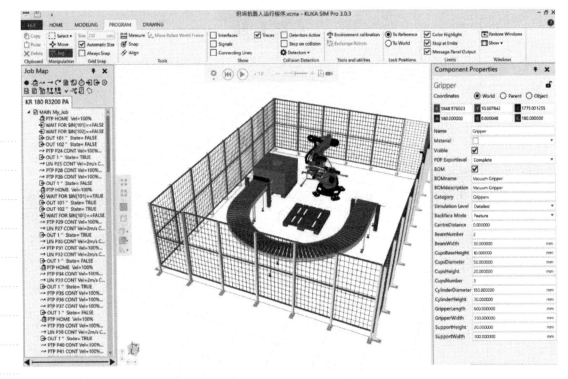

图 1-4　KUKA SimPro 编程界面

作任务的表达式，借助模拟模块将运动过程可视化。KUKA SimPro 在离线编程中，操作步骤可分为三阶段。

第一阶段：利用 CAD 或 3D 软件，设计机器人工作单元的部件。

第二阶段：描述工作单元几何特征，生成工作点或轨迹，校准机器人，设计机器人托架和地基图。

第三阶段：操作任务编程和模拟加工过程，检查机器人运动情况、碰撞、工作空间、循环时间分析，生成机器人程序。

（3）文字编程

文字编程主要借助于 smartPAD 界面在上一级操作 PC 上编辑，也适合于诊断、在线适配调整已运行程序。如图 1-5 所示，KUKA 机器人通过 KUKA. OfficeLite（KUKA 虚拟机器人控制器），可在任何一台计算机上离线创建并优化程序，创建后的程序可直接传输到机器人并确保立即形成生产力。

KUKA. OfficeLite 与 KUKA KR C4 系统软件几乎完全相同，该编程系统具有以下特性。

① 各个 KUKA 系统软件版本的所有功能全部可用，不能与外围设备连接。

② 用程序编译器和解释器进行 KRL 句法检查。

③ 可以创建可执行的 KRL 应用程序。

④ 实时控制机器人应用程序的执行，改进节拍时间。

⑤ 可以随时和定期在标准计算机上优化程序。

⑥ 模拟数字式输入端信号可用于测试 KRL 程序中的信号查询。

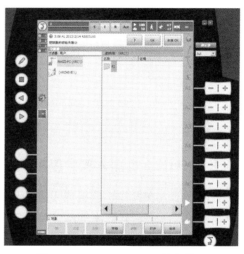

图 1-5　KUKA. OfficeLite 编程界面

笔记

任务 1.3　KUKA 机器人安全规范认知

1.3.1　KUKA 机器人防护装置

KUKA 机器人安全功能包括工作空间限制、紧急停止、外部紧急停止、使能开关。

① 工作空间限制　机器人的设计允许在三个主要轴上安装用于工作空间限制的机械停止附件，使能软限位也可以限制所有轴的运动范围。

② 紧急停止　急停按钮安装在 KUKA 的控制面板上，在程序进行和操作中同样可以使用。在测试模式下按下急停按钮，会立即断开驱动器、动力制动器并保持制动。在自动模式下将通过驱动器的电源达到迅速停止的目的，一旦机器人处于停止状态，驱动器便会断开连接。

③ 外部紧急停止　至少有一个外部紧急按钮，确保在 smartPAD 拔出情况下可实现

紧急停止。

④ 使能开关　KUKA 控制面板设有三处使能开关，在操作模式 T1 和 T2 下，任一开关都可以使用，中间开关允许机器人运动，其他开关能使危险运动安全停止并分离驱动。

机器人系统必须始终装备相应的安全设备。例如：隔离性防护装置（防护栅、门等）、紧急停止按钮、失电制动装置、轴范围限制装置等。标准培训站安全设计如图 1-6 所示。

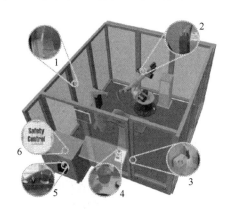

图 1-6　标准培训站安全设计

1—安全防护栅栏；2—轴 1、2、3 的机械终端或者轴范围限制装置；3—防护门；4—紧急停止按钮（外部）；

5—紧急停止按钮、确认键、钥匙开关；6—内置 KR C4 安全控制器

1.3.2　KUKA 机器人安全停机类型

工业机器人在操作、监控或出现故障信息时，会做出停机反应。KUKA 机器人停机反应如表 1-1 所示，典型停机反应与设定运行方式关系如表 1-2 所示。

表 1-1　KUKA 机器人停机反应说明

概　念	说　明
安全运行停止	停机监控,不停止机器人,监控机器人是否静止
安全停止 STOP0	安全控制系统触发并执行停止,立即关断驱动装置和制动器电源(提示:该停止在文件中称为安全停止 0)
安全停止 STOP1	安全控制系统触发并监控停止,机器人静止下来,关断驱动装置和制动器电源(提示:该停止在文件中称为安全停止 1)
安全停止 STOP2	安全控制系统触发并监控停止,驱动装置和制动器保持接通状态(不关断),一旦停下来,安全运行停止触发(提示:该停止在文件中称为安全停止 2)
停机类别 0	驱动系统立即关闭,制动器制动;机械手和附加轴(选项)在额定位置附近制动(提示:此停机类别在文件中被称为 STOP 0)
停机类别 1	1s 后驱动装置关断,制动器制动;机械手和附加轴(选项)顺沿轨迹制动(提示:此停机类别在文件中被称为 STOP 1)
停机类别 2	驱动系统不关闭,制动器不制动;机械手及附加轴(选项)以沿轨迹的制动斜坡进行制动(提示:此停机类别在文件中被称为 STOP 2)

笔记

表 1-2　典型停机反应与设定运行方式关系

事件（触发）	T1、T2	AUT、AUT-EXT
松开启动键	STOP2	—
按下停机键	STOP2	—
驱动装置关机	STOP1	
输入端无"运行许可"	STOP2	
关闭机器人控制系统（断电）	STOP0	
机器人控制系统内与安全无关的部件出现内部故障	STOP0 或 STOP1（取决于故障原因）	
运行期间工作模式被切换	安全停止 2	
打开防护门	—	安全停止 1
松开确认键	安全停止 2	—
确认键按到底或出现故障	安全停止 1	—
按下急停按钮	安全停止 1	
安全控制系统或安全控制系统外围设备出现故障	安全停止 0	

1.3.3　KUKA 机器人安全操作规范

（1）安全基本规范

① 工业机器人速度慢，但重量和力量都很大，因此须遵守以下安全条例。

a. 在进行工业机器人安装、维修和保养时，切记关闭总电源。

b. 带电作业可能会产生致命性后果。

c. 在调试和运行工业机器人时，它可能会执行一些意外或不规范的运动。

d. 所有运动都会产生很大的力量，应与工业机器人时刻保持足够的安全距离。

e. 出现下列情况时，请立即按下任意紧急停止按钮：

ⓐ 工业机器人在运行中，工作区域内有工作人员；

ⓑ 工业机器人伤害了工作人员或损伤了机器设备。

f. 在保护空间有工作人员，请手动操作工业机器人。

g. 进入保护空间时，请准备好示教器，以便随时控制机器人。

h. 注意旋转或运动的工具，确保在接近机器人之前，工具已停止运动。

i. 注意工件和机器人系统表面温度，长时间运转后机器人温度很高。

j. 注意夹具并确保夹具夹好工件，防止工件掉落并导致人员伤害。

k. 注意气压系统以及带电部件，即使断电，残余电量也很危险。

② 示教器是手持式终端，为避免故障或损害，须遵守以下操作条例。

a. 小心操作，不用时挂到支架上，避免意外损伤。

b. 示教器使用应尽量避免踩踏电缆。

c. 禁止使用锋利的物体（笔尖等）操作触摸屏，尽量用手或触摸笔。

d. 定期清洁触摸屏。

e. 没有连接 USB 或键盘时，务必盖上示教器后面的保护盖。

（2）安全操作流程

标准培训站安全操作流程如表 1-3 所示。

表 1-3　标准培训站安全操作流程

安全防护		①进入实训车间,必须穿着工装,并检查工装袖口、鞋带是否扎紧
		②检查 smartPAD 以及控制面板上紧急停止装置
		③检查具有关闭功能的监控防护门
		④观察在紧急情况下使用的自由旋转装置的位置
操作准备		①对照标准教学站设备点检表进行设备点检,发现问题及时提出
		②将标准教学站工作区域清理干净(注意:清理相关电气设备时不能沾水)
		③确保机器人本体、笔架、曲型台等设备紧固件无松动
		④将 smartPAD 的连接线缆从控制柜上的线架上取出,放在合适位置
		⑤向实训老师请求开机
操作流程	开机	①等待实训老师检查确认后,用钥匙打开控制面板上的急停装置
		②打开控制柜上的总电源,并等待机器人控制系统初始化完成
		③按下控制面板上的安全门确认按钮(Guard Door Acknowledge)
		④拨开控制面板上的使能开关(MOVE_ENABLE)
		⑤取出 smartPAD,并正确握持
		⑥将 smartPAD 上的使能按键保持在中位后,通过 6D 鼠标或按键移动机器人
	关机	①将机器人移至 HOME 位(HOME 位轴坐标:A1 0°、A2 −90°、A3 90°、A4 0°、A5 0°、A6 0°),并按下 smartPAD 以及控制面板上的急停装置
		②将机器人用户组类型从操作员模式切换为专家模式(KUKA 键—配置—用户组—专家—密码:kuka)
		③关闭控制系统(KUKA 键—关机—冷启动—关闭 PC)
		④将 smartPAD 以及线缆整理至相应位置
		⑤关闭控制柜上的总电源,并关闭教学站内的安全门

1.3.4　KUKA 机器人维护保养

对于 KUKA 机器人本体而言,维护保养主要是机械手的清洗和检查、减速器的润滑以及机械手的轴制动测试。

 注意

在进行更换工作、设置工作、维修工作时必须将机器人系统关断,即将机器人控制柜上的总开关置于“关断（AUS）”,并挂上挂锁,防止未经许可的重新开机。

定期断电检查机器人控制柜内主板、控制器、伺服驱动器、变压器等元器件,必须遵守静电保护准则。因为这些组件对静电放电很敏感。静电会损坏集成电路或者元器件,导致使用寿命下降。

① 机械手底座和手臂需要定期清洗,若使用溶剂应避免使用丙酮等强溶剂,可以使用高压清洗设备,但应避免直接向机械手喷射。为了防止静电,不能使用干抹布擦拭。

② 机械手检查包括检查各螺栓是否有松动、滑丝现象;易松劲脱离部位是否正常;机器人动力、通信等电缆以及各种接头是否松动或破损;变速是否齐全,操作系统安全保护、保险装置等是否灵活可靠;检查设备有无腐蚀、碰砸、拉离和漏油、漏水、漏电等现

象，周围地面是否清洁、整齐、无油污、无杂物等；检查润滑情况，并定时定点加入定质定量的润滑油。

③ 定期检查机器人零位以及各轴制动器是否正常，进行轴制动测试。当移动 KUKA 机器人紧急停止时，制动器会帮助停止，因此可能产生磨损。因此，在机器使用寿命期间需要反复测试，以检验机器是否维持着原来的能力。

项目小结 <<<

本项目主要讲述工业机器人的定义及分类、KUKA 机器人结构和功能、KUKA 机器人安全规范，在本项目中，学生主要了解机器人应用技术的现状与发展趋势，学习机器人机械系统和控制系统组成，熟悉 KUKA 机器人防护装置，掌握 KUKA 机器人安全操作规范，了解 KUKA 机器人维护保养，为后续正确操作工业机器人奠定基础。

课后作业 <<<

1. 简述 KUKA 机器人的结构和功能。
2. KUKA 机器人有哪几种停机反应，与设定运行方式有什么关系？
3. 如何正确操作 KUKA 机器人标准培训站开机？

笔 记

项目 ❷

工业机器人操作基础

📖 知识导图

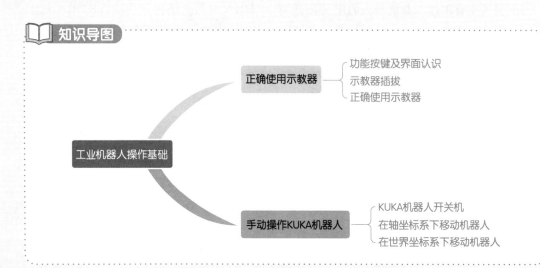

正确使用示教器
- 功能按键及界面认识
- 示教器插拔
- 正确使用示教器

工业机器人操作基础

手动操作KUKA机器人
- KUKA机器人开关机
- 在轴坐标系下移动机器人
- 在世界坐标系下移动机器人

项目导入

在机器人使用过程中，现场编程调试时都会使用配套的手持式示教器或编程器，KUKA 机器人的操作通过示教器（即 KUKA smartPAD）进行。正确使用 KUKA smartPAD 对操作机器人、现场编程调试非常重要，本项目主要介绍机器人操作相关基础知识，包括机器人的正确开关机、示教器的认识和使用以及利用示教器正确手动移动机器人，通过本项目的学习为后续机器人示教编程奠定基础。

学习目标

❶ 知识目标
- ➤ 掌握示教器的基本组成
- ➤ 掌握示教器的各功能键的功能
- ➤ 了解机器人每种坐标系的特点

❷ 技能目标
- ➤ 能够正确进行 KUKA 机器人开关机
- ➤ 能够正确使用 KUKA smartPAD 在轴坐标下和世界坐标系下移动机器人

学习任务

- ➤ 任务 2.1　正确使用示教器
- ➤ 任务 2.2　手动操作 KUKA 机器人

任务 2.1 正确使用示教器

示教器（KUKA smartPAD）是实现用户管理，进行工业机器人手动操作、程序编写、参数配置以及监控用的装置。它通过信号线和电源线与机器人控制柜连接，完成信号输送和控制操作。正确使用 KUKA smartPAD 对操作机器人、示教编程非常重要，在后续任务中将使用 smartPAD 手动操作机器人，在轴坐标下及世界坐标系下移动机器人，示教点位。

2.1.1 KUKA smartPAD 的各功能键以及界面认识

示教器具有工业机器人操作和编程所需的各种操作和显示功能，特点如下：

① 符合人体工学的设计 KUKA smartPAD 重量轻，结构符合人体工学，有利于高效舒适地进行操作。

② 可广泛应用 KUKA smartPAD 可操作所有配备 KR C4 控制系统的 KUKA 机器人。

③ 防反射触摸屏 通过配备直观操作界面的 8.4in（1in=25.4mm）高亮大尺寸显示屏进行快速简便的操作。即使佩戴防护手套，也可以进行安全快速的操作。

④ 6D 鼠标 机器人可在三个或全部六个自由度中进行直观的笛卡尔式移动和重新定向。

⑤ 六个运行键 通过单独的运行键可直接控制最多六根轴或附加轴，无需来回切换。

⑥ 多语种 操作和编程界面可从众多语种中简单选择，实现全球应用。

⑦ 可热插拔 KUKA smartPAD 可随时在 KR C4 控制系统上进行插拔操作，此项功能使其非常适合在其他 KUKA 机器人上使用，或用于避免出现意外的误操作。

(1) KUKA smartPAD 前面板按键功能（图 2-1）

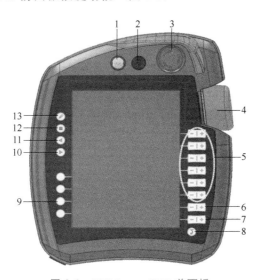

图 2-1 KUKA smartPAD 前面板

各序号对应功能详见表 2-1。

笔记

表 2-1　KUKA smartPAD 前面板功能介绍

序号	说　明
1	热插拔按键：请求"拔下 smartPAD"的按键
2	连接管理器：用于选择运行方式的钥匙开关。只有当钥匙插入时，方可转动开关。可以通过连接管理器切换运行模式
3	紧急停止装置：用于在危险情况下关停机器人
4	6D 鼠标：用于手动移动机器人
5	移动键：用于手动移动机器人
6	用于设定 POV-程序倍率的按键
7	用于设定 HOV-手动倍率的按键
8	主菜单按键：用来在 smartHMI（显示窗口）上将主菜单项显示出来
9	状态键：主要用于设定工艺程序包中的参数，其确切的功能取决于所安装的工艺程序包
10	正向启动键：通过启动键可正向启动一个程序
11	逆向启动键：用逆向启动键可逆向启动一个程序（前提是该程序已经正向运行过），程序将逐步运行
12	停止键：用停止键可暂停正在运行中的程序
13	显示键盘按键：通常不必特地将键盘显示出来

（2）KUKA smartPAD 背部面板按键功能 （图 2-2）

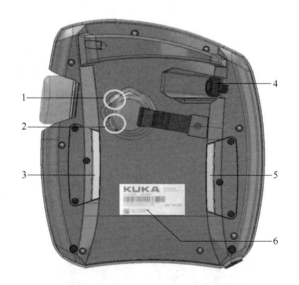

图 2-2　KUKA smartPAD 背部面板

各序号对应功能详见表 2-2。

表 2-2　KUKA smartPAD 背部面板功能介绍

序号	说　明
1、3、5	确认开关（使能键）
2	正向启动键：通过启动键可正向启动一个程序
4	USB 接口（通过此接口与外界设备进行连接）
6	型号铭牌

(3) smartPAD 操作界面说明及使用

smartPAD 的操作界面，简称 smartHMI，具有多种功能，操作界面如图 2-3 所示。

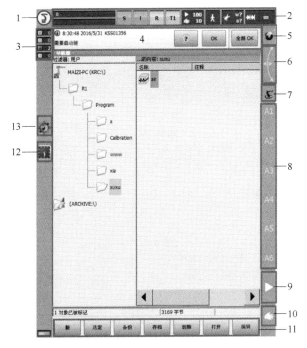

图 2-3　smartPAD 的操作界面

操作界面功能介绍详见表 2-3。

表 2-3　操作界面功能介绍

序号	名称	功能	图　例
1	主菜单	具有文件、配置、显示、诊断、投入运行、关机、帮助等操作功能	
2	状态栏	包括了多种状态，各个状态介绍详见表 2-4	
3	信息提示计数器	右图左侧框表示信息提示类型，右侧框每种信息提示数量	
4	信息窗口	显示当前的信息	

笔　记

续表

序号	名称	功能	图　例
5	6D 鼠标选项	①显示采用 6D 鼠标移动机器人时所使用的坐标系； ②坐标系的切换； ③相关选项设置	
6	示教器的位置	显示示教器相对于机器人的定位，可根据需要修改定位	
7	移动键坐标系选项	①显示采用移动键移动机器人时所使用的坐标系； ②坐标系的切换； ③选项设置	
8	移动键状态	①如果选择了轴,则显示六个轴； ②如果选择了笛卡尔坐标系,则显示 X、Y、Z、A、B、C	六个轴　　笛卡尔坐标系
9	程序倍率(POV)按键	程序运行的速度可通过此按键增大或减小	
10	手动倍率(HOV)按键	手动移动速度可通过此按键增大或减小	
11	按键栏	有多种功能按键可供选择，后续会详细讲解	
12	时钟	用于显示当前系统时间	
13	WorkVisual 图标	用于打开机器人项目	

其中，状态栏如图 2-4 所示，功能介绍如表 2-4 所示。

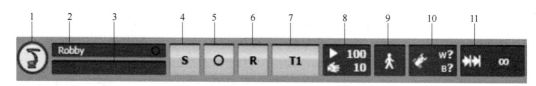

图 2-4　状态栏按键

表 2-4 示教器操作界面状态栏功能介绍

序号	说 明
1	主菜单键
2	机器人名字
3	程序名显示区
4	提交解释器状态显示
5	驱动装置状态显示
6	机器人程序运行状态显示
7	运行模式
8	程序运行倍率设置按键、手动倍率设置按键
9	程序运行方式状态指示器
10	工具坐标系和基坐标系状态指示器
11	增量式手动控制状态指示器

① 使用示教器主菜单 主菜单窗口如图 2-5 所示，可以对主菜单进行以下操作。

图 2-5 主菜单窗口说明

a. 单击"主菜单"键①，主菜单窗口弹出。

b. 在展开的子菜单选项中，逐级打开相应的子菜单，进行相关设置和操作，例如③为上一级菜单，④为下一级菜单。

c. 单击"主菜单"键①，可返回首页菜单。

d. 单击"返回"键②返回上一级菜单。

e. 通过"关闭"按钮⑤可关闭菜单项窗口。

② 设置示教器操作界面的语言 为了提高界面可读性和便于操作，在操作前，示教器操作界面的语言可根据实际需要设置成操作者可读的语言，现以从"中文界面"设置为"英文界面"操作为例，操作步骤示意如图 2-6 所示，其他语种的操作方法相同。

a. 进入主菜单①。

b. 单击"配置"②进入下拉菜单。

c. 单击"其它"③进入下拉菜单，并单击"语言"④。

d. 进入语言选择界面，选择语言"English"⑤，单击"OK"键。

③ 控制系统的信息提示窗口及信息提示处理

a. 认识信息提示窗口

笔 记

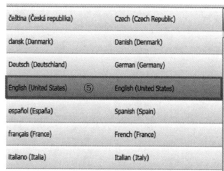

图 2-6　设置示教器操作界面的语言

信息提示窗口包括信息窗口和信息提示计数器，如图 2-7 所示。

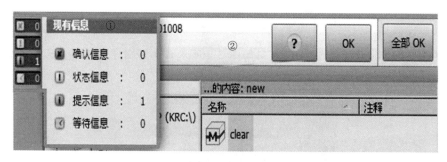

图 2-7　信息窗口和信息提示计数器

各序号对应功能详见表 2-5。

表 2-5　信息窗口和信息提示计数器功能说明

序号	说　明
①	信息提示计数器：每种信息提示类型的信息提示数
②	信息窗口：显示当前信息提示

笔　记

信息提示类型有四种，详见表 2-6。

表 2-6　信息提示类型说明及处理方法说明

图标	信息类型图例及说明
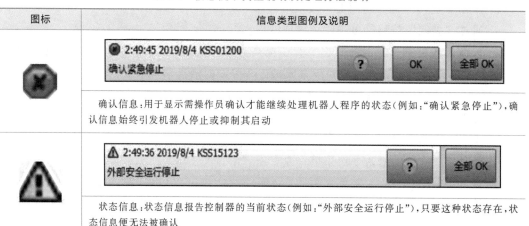	确认信息：用于显示需操作员确认才能继续处理机器人程序的状态（例如："确认紧急停止"），确认信息始终引发机器人停止或抑制其启动
	状态信息：状态信息报告控制器的当前状态（例如："外部安全运行停止"），只要这种状态存在，状态信息便无法被确认

续表

图标	信息类型图例及说明
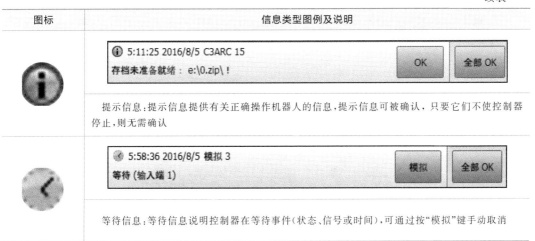	ⓘ 5:11:25 2016/8/5 C3ARC 15　存档未准备就绪：e:\0.zip\!　　OK　全部OK
	提示信息：提示信息提供有关正确操作机器人的信息，提示信息可被确认，只要它们不使控制器停止，则无需确认
	◀ 5:58:36 2016/8/5 模拟 3　等待(输入端 1)　　模拟　全部OK
	等待信息：等待信息说明控制器在等待事件(状态、信号或时间)，可通过按"模拟"键手动取消

b. 信息提示的处理方法　不同类型的信息提示处理方法亦有不同之处，要正确地阅读出现的提示信息并处理，否则有可能影响机器人的功能。在处理信息提示时有以下注意事项。

ⓐ 阅读信息提示中的内容，发现问题、解决问题。

ⓑ 在阅读时要注意信息出现的时间，按照时间先后逐条阅读。

ⓒ 切勿轻率地按下"全部 OK"键，因为"全部 OK"并未解决问题，只是让信息不再提示，但问题仍然存在。

ⓓ 在开机启动后，首先要仔细查看信息提示，解决信息提示中出现的问题，便于后续操作。

c. 确认信息的处理方法　操作步骤如图 2-8 所示。

图 2-8　紧急停止确认信息

ⓐ 点击信息窗口空白区域①，信息提示列表弹出，阅读分析相关信息。

ⓑ 用"OK"键②可以对各条信息提示逐条进行确认。

ⓒ 用"全部 OK"键③可以对所有信息提示进行确认。

2.1.2　示教器插拔

(1) 插拔示教器的特点

① 可在机器人系统接通时取下 smartPAD。

② 可随时插入 smartPAD。

③ 插入的 smartPAD 将应用机器人控制器的当前运行方式。

④ 插入时，变量 smartPAD（固件版本）无关紧要，因为会自动进行升级或降级。

⑤ 插入 30s 后，紧急停止和确认键方可再次恢复，30s 内急停键和确认键失效。

⑥ smartHMI（操作界面）（在 15s 内）重新自动显示。

（2）拔下示教器操作步骤

① 按下 smartPAD 上的脱开请求键。在 smartHMI 上显示一条信息和一个计时器。计时器会计时 25s，在此时间内可从机器人控制器上拔下 smartPAD，如图 2-9 所示。

图 2-9　用于脱开 smartPAD 的热插拔按钮

② 打开配电箱门（V）KR C4 后，找到示教器与控制柜的连接头 X19，该插头处于插接状态，沿箭头方向将上部的黑色圆环旋转约 25°（见压印），向下拔出插头，方法如图 2-10 所示。

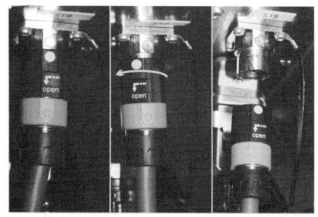

(a) 连接头X19　　(b) 黑色圆环旋转约25°　　(c) 向下拔出插头

图 2-10　取下 smartPAD

③ 关闭配电箱门（V）KR C4。

其中，拔下示教器的注意事项如下。

a. 不允许中断升级或降级过程。

b. 如果在计数器未运行的情况下取下示教器 smartPAD，会触发紧急停止，只有重新插入示教器 smartPAD 后，才能取消紧急停止。

c. 在计时器计时期间，如果没有拔下示教器 smartPAD，则此次计时失效，可以再次按下用于拔下的按钮，以再次显示信息和计时器。

d. 当 smartPAD 拔出后，则无法再通过 smartPAD 上的紧急停止按钮来使设备停机，所以，必须在机器人控制系统上外接一个紧急停止装置。

e. 示教器 smartPAD 拔出后，应立即从设备中撤离并妥善保管。为避免有效的和无效的紧急停止装置被混淆，保管示教器位置应远离在机器人处作业的工作人员视线和作用范围内。如果没有注意该措施，有可能造成人身伤害及财产损失。

笔 记

（3）插入示教器的过程

插入示教器的操作步骤如下。

① 打开配电箱门（V）KR C4。

② 插入 smartPAD 插头 X19。

③ 关闭配电箱门（V）KR C4。

2.1.3 示教器操作

（1）示教器握持方法

示教器握持方法有两种，操作人员应以正确姿态和力度握持示教器，可以握持示教器边缘，亦可以握持示教器手柄，如图 2-11 所示。

正确使用

示教器

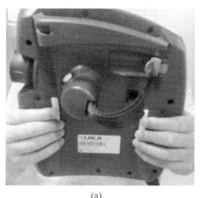
(a)

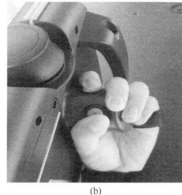
(b)

图 2-11　示教器握持手法

（2）示教器使能开关使用

使能开关（确认开关）是工业机器人为保证操作人员人身安全而设置的，只有在按下确认开关（按下三个开关中任意一个），并保持在"电动机开启"的状态，才可对机器人进行手动的操作。当发生危险时，人会本能地将确认开关松开或按紧，机器人则会马上停下来，从而保证操作人员安全。

如图 2-12 所示，确认开关位于示教器背面。确认开关分为低、中、高三个挡位（见表 2-7），只有将确认开关按至中间挡位并按住，驱动装置显示状态字母由灰色"o"变成为绿色"I"时（见图 2-13），机器人处于电动机开启状态。

笔 记

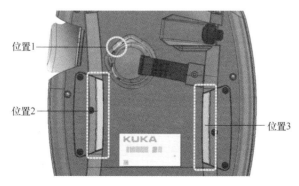

位置1

位置2

位置3

图 2-12　确认开关位置

表 2-7　确认开关挡位

序号	确认开关挡位	说　明
1	低挡	确认开关处于未按下状态
2	中挡	确认开关处于中间挡位，机器人处于电动机开启状态
3	高挡	机器人处于紧急停止状态，信息提示为"安全停止"

💡 注意

- 第 1 挡确认开关处于未按下状态，机器人电机处于未开启状态；
- 第 3 挡按下去以后（用力按下），会听见明显的声音，提示"安全停止"。

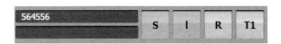

图 2-13　确认开关处于中挡时驱动装置显示状态

任务 2.2　手动操作 KUKA 机器人

工业机器人
开关机操作

2.2.1　KUKA 机器人开关机

（1）开机方式

KUKA 机器人的开机方法类似于电脑开机，它的开关机旋钮位于控制柜的左上方，如图 2-14 所示，将开机按钮顺时针旋转到"ON"挡位，机器人系统开机。

📝 笔记

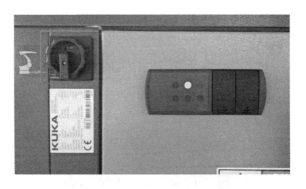

图 2-14　控制柜开机按钮

💡 注意

机器人开机需要一段时间，在机器人未完全开机情况下，不得随意关闭机器人，否则会损伤机器人。

（2）关机方式

① 关机方式　关机窗口如图 2-15 所示，机器人关机有三种方式，说明详见表 2-8。

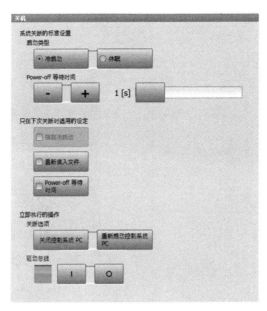

图 2-15 机器人关机窗口

表 2-8 关机三种方式说明

序号	关机方式	说 明
1	关闭系统	系统关机,断开电源的供电,机器人彻底关机
2	休眠	机器人系统处于休眠状态,当希望恢复系统的时候,就可以快速恢复到待机前状态
3	重启(强制冷启动)	重新启动机器人系统

② 关机操作步骤

要进行关机相关操作,必须在"专家"模式下才能进行,操作步骤见表2-9。

表 2-9 关机操作步骤

操作步骤	图 例
第一步:按下左上角的主菜单按钮进入"主菜单",点击"配置",选择"用户组"	

续表

操作步骤	图　例
第二步：选择"专家"，输入密码"kuka"，然后点击"登录"	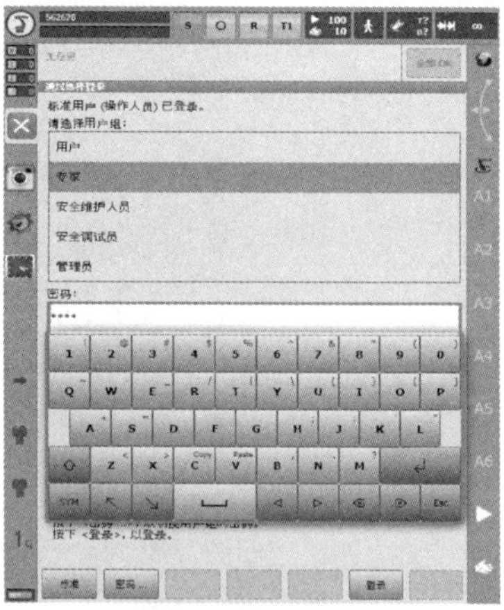
第三步：再次进入"主菜单"，点击"关机"①	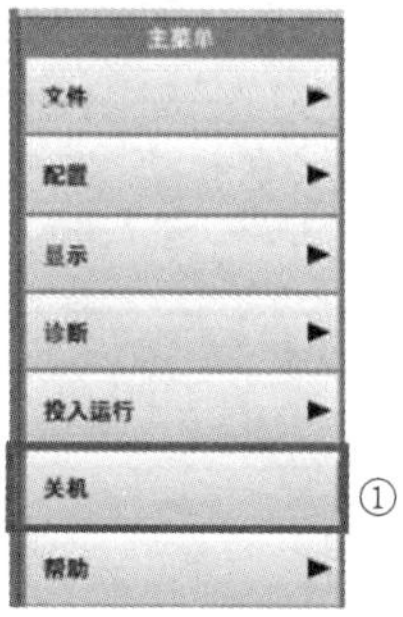
第四步：点击"关闭控制系统 PC"①，运行指示灯开始闪烁	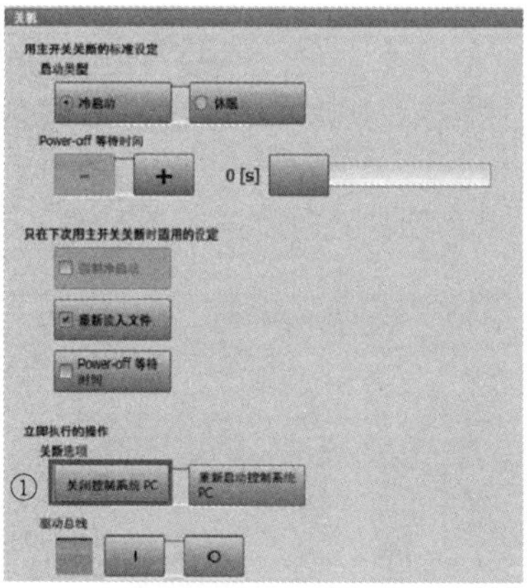
第五步：系统完全关闭后，待机指示灯变为白色，将开关机旋钮旋至 OFF，关断电源，机器人彻底关机	

笔　记

2.2.2 在轴坐标系下移动机器人

在轴坐标系下
移动机器人

(1) 机器人轴的运动概述

KUKA 机器人的轴数为 4～6，例如搬运机器人 KR40 PA 为 4 轴，标准垂直折臂机器人为 6 轴，轻型机器人为 7 轴。A4、A5、A6 三个轴构成了机器人的手腕。机器人轴运动方式有转动和摆动两种方式。以标准机器人为例，A1、A4、A6 为转动轴，A2、A3、A5 为摆动轴，每个轴的运动方向有正向和反向，如前文图 1-3 所示。

在轴坐标系下单独移动机器人各轴时注意事项如下。

① 机器人只允许在 T1 运行模式下才能手动移动，运行方式可通过连接管理器进行设置，手动移动速度在 T1 运行方式下最高为 250mm/s。

② 每根轴逐个沿正向和负向移动，为此需要使用移动键或者 KUKA smartPAD 的 6D 鼠标，并且对手动倍率（HOV）速度进行更改 。

③ 确认键必须处于中间挡位并且已经按下。

④ 即使采用与轴相关的手动移动，机器人的移动同样受到软件限位开关的最大正、负值的限制。

(2) 在轴坐标系下单独移动机器人各轴

单独移动机器人各轴操作步骤详见表 2-10。

表 2-10　单独移动机器人各轴操作步骤

操作步骤	图　例
第一步:选择"轴"作为移动键的选项	
第二步:设置手动倍率,将手动倍率调节到合适大小	
第三步:将确认开关①按至中间挡位并按住	

笔记

续表

操作步骤	图　例
第四步:在移动键旁边即显示轴 A1～A6,按下正或负移动键,轴朝向正方向或反方向运动	

在世界坐标系下
移动机器人

2.2.3　在世界坐标系下移动机器人

(1) 笛卡尔坐标系介绍

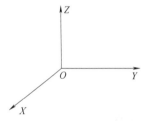

图 2-16　笛卡尔坐标系
（空间直角坐标系）

如图 2-16 所示，过定点 O，作三条互相垂直的数轴，它们都以 O 为原点，且一般具有相同的长度单位，这三条轴分别叫做 x 轴（横轴）、y 轴（纵轴）、z 轴（竖轴），这三个轴统称坐标轴。通常把 x 轴和 y 轴配置在水平面上，而 z 轴则是铅垂线，三条坐标轴就组成了一个空间直角坐标系，点 O 叫做坐标原点，这样就构成了一个笛卡尔坐标系。

机器人坐标系有两种，轴坐标系（A1、A2、A3、A4、A5、A6）和笛卡尔坐标系（X、Y、Z、A、B、C）。如图 2-17 所示，机器人的笛卡尔坐标系有以下几种。

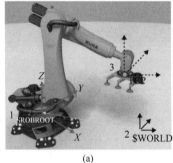

(a)

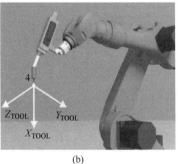

(b)

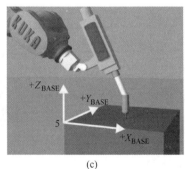

(c)

图 2-17　KUKA 机器人笛卡尔坐标系
1—ROBROOT（机器人足部坐标系）；2—WORLD（世界坐标系）；3—FLANGE（法兰坐标系）；
4—TOOL（工具坐标系）；5—BASE（基坐标系）

① ROBROOT（机器人足部坐标系）　机器人足部坐标系固定于机器人足部，是机器人的原点，是世界坐标系的参照点。采用线性滑轨时，世界坐标系是固定的，ROBROOT 可随机器人移动。

② WORLD（世界坐标系）　世界坐标系又名全局坐标系，在供货状态下与 ROBRO-OT 坐标系一致，也可以从机器人足部"向外移出"，说明了世界坐标系在 ROBROOT 坐标系中的位置。此外，机器人系统在壁装与吊顶安装时使用世界坐标系。

③ FLANGE（法兰坐标系）　法兰坐标系固定于机器人法兰上，原点为机器人法兰中心，是工具坐标系的参照点。

④ TOOL（工具坐标系）　工具坐标系是一个可自由定义、用户定制的坐标系，TOOL 坐标系的原点被称为 TCP（Tool Center Point），即工具中心点，用于测量工具。

⑤ BASE（基坐标系）　基坐标系是一个可自由定义、用户定制的坐标系，说明了基坐标在世界坐标系中的位置，可用于测量工件和装置。

（2）在世界坐标系下移动机器人

使用世界坐标系的优点在于机器人的动作始终可预测，动作始终是唯一的，因为原点和坐标方向始终是已知的。对于经过零点标定的机器人始终可用世界坐标系，可用 6D 鼠标和移动键直接操作。

① 世界坐标系下单独移动机器人各轴时注意事项

a. 在标准设置下，世界坐标系位于机器人底座（ROBROOT）中。

b. 仅在 T1 运行模式下才能手动移动，确认键必须已经按下。

c. 机器人工具可以根据世界坐标系的坐标方向运动，在此过程中，所有的机器人轴也会移动，为此需要使用移动键或者 KUKA smartPAD 的 6D 鼠标，并且对手动倍率（HOV）速度进行更改。

② 在世界坐标系中的手动移动原理　在坐标系中可以以两种不同的方式移动机器人，如图 2-18 所示。

a. 沿坐标系的坐标轴方向平移（直线）：X、Y、Z。

b. 环绕着坐标系的坐标轴方向转动（旋转/回转）：角度 A、B 和 C。

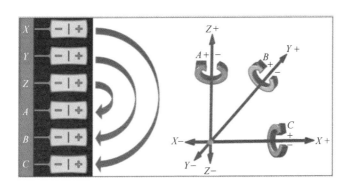

图 2-18　KUKA 机器人世界坐标系

③ 6D 鼠标的使用方法　6D 鼠标可用于所有运动方式，具体如下。

a. 平移：拖动 6D 鼠标，如图 2-19 所示。

b. 转动：转动并摆动 6D 鼠标，如图 2-20 所示。

c. 6D 鼠标的位置可根据人-机器人的位置进行相应调整，如图 2-21 所示。

④ 移动机器人的操作步骤　在世界坐标系下移动机器人操作步骤详见表 2-11。

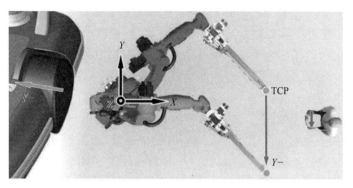

图 2-19　向左平移运动

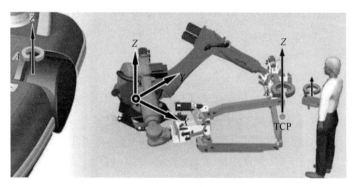

图 2-20　绕 Z 轴的旋转运动：转角 A

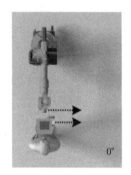

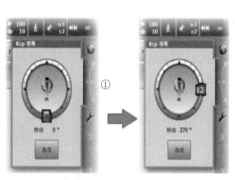

图 2-21　根据相对位置（0°和 270°）调节 6D 鼠标

表 2-11　在世界坐标系下移动机器人操作步骤

操作步骤	图　例
第一步：根据操作者当前站位，通过移动滑块调节器来调节 Kcp 的位置	

续表

操作步骤	图 例
第二步:选择全局(世界坐标系)作为 6D 鼠标的选项	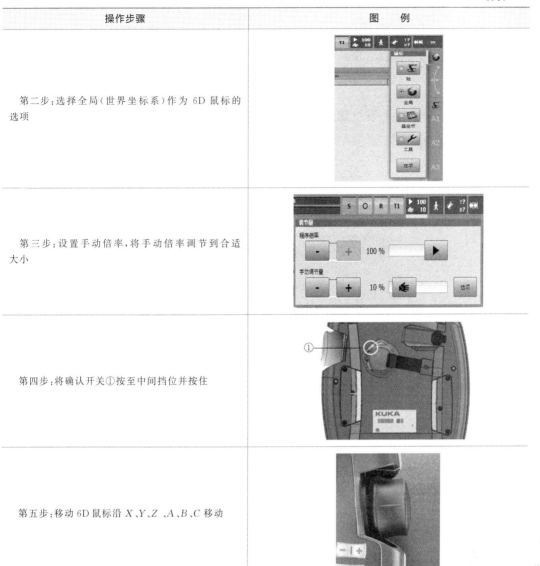
第三步:设置手动倍率,将手动倍率调节到合适大小	
第四步:将确认开关①按至中间挡位并按住	
第五步:移动 6D 鼠标沿 X、Y、Z 、A、B、C 移动	

(3) 增量式手动运行

增量式点动运行模式可以定义机器人移动的距离,如 10mm/3°。在增量式点动模式下,按下运行键后,机器人移动预定义的增量距离后自动停止。增量式点动运行模式不能使用空间鼠标。

要注意的是各个运行键必须保持按下,直到机器人自动停止为止,如果机器人的运动被中断,如因放开了确认开关,则在下一个动作中,被中断的增量不会继续,而会开始一个新的增量。

① 首先将运行方式设置为 T1,在状态栏中选择增量值,如图 2-22 所示。

图 2-22 增量式手动运行

笔 记

② 用移动键移动机器人，可以采用笛卡尔或与轴相关的模式运行。如果已达到所设定的增量，则机器人自动停止运行。

 **任务练习**

任务练习1：在轴坐标系下手动移动机器人

（1）任务内容

① 如图 2-23 所示，在工作平台上任一位置放置一个方块。

② 在轴坐标系中使用移动键移动机器人，使得机器人气爪接近方块，如图 2-23 所示。

图 2-23　在轴坐标系下手动移动机器人

（2）任务提示

① 接通控制柜，等待启动阶段结束。

② 将紧急停止按钮复位并确认。

③ 确保设置了运行方式 T1。

④ 将移动键坐标系选择为轴坐标系。

⑤ 用手动运行键以不同的手动倍率（HOV）设置来轴相关地手动运行机器人。

⑥ 了解各轴的移动范围，注意是否有障碍物。

⑦ 在达到软件限位开关时请注意信息提示窗口。

任务练习2：在世界坐标系下手动移动机器人

（1）任务内容

① 在工作平台上任一位置放置一个方块。

② 在世界坐标系中使用 6D 鼠标使机器人气爪接近该方块，并调整好正确的抓取姿态，将气爪卡入方块的凹槽内，准备抓取方块，如图 2-24 所示。

③ 在教师指导下关闭气爪，抓取方块，提起方块离开工作平台，完成任务。

（2）任务提示

① 接通控制柜，等待启动阶段结束。

② 将紧急停止按钮复位并确认。

 笔记

图 2-24 在世界坐标系下手动移动机器人

③ 确保设置了运行方式 T1。

④ 6D 鼠标设置为世界坐标系。

⑤ 以不同的手动倍率（HOV）设置移动机器人。

⑥ 在相应的设置中更改 6D 鼠标的配置。

项目小结 <<<

本项目主要讲述正确使用示教器、手动操作 KUKA 机器人的相关知识，为机器人运行准备知识的学习奠定理论基础。

课后作业 <<<

一、选择题

1. 用于切换运行模式的按键为（　　）。

A. 急停按钮 　　　　B. 热插拔按钮 　　　　C. 连接管理器 　　　　D. 主菜单按键

2. 机器人确认键使电机开启应处在（　　）。

A. 低挡 　　　　B. 中挡 　　　　C. 高挡 　　　　D. 低、中挡

3. （　　）信息始终引发机器人停止或抑制其启动。

A. 确认 　　　　B. 状态 　　　　C. 提示 　　　　D. 等待

4. 按下热插拔按键后，计时器会计时（　　），在此时间内可从机器人控制器上拔下 smartPAD。

A. 30s 　　　　B. 20s 　　　　C. 25s 　　　　D. 15s

5. 机器人系统处于（　　）状态，当希望恢复的时候，就可以快速恢复到待机前状态。

A. 关闭系统 　　　　B. 休眠 　　　　C. 重启 　　　　D. 停机

6. 机器人笛卡尔坐标系中与 6D 鼠标配合使用效果最好的坐标系是（　　）。

A. 工具坐标系 　　　　B. 世界坐标系 　　　　C. 法兰坐标系 　　　　D. 基坐标系

7. 增量式手动移动中涉及的功能是（　　）。

A. 手动移动时，机器人在达到设定的距离后自动停止

B. 控制系统逐步运行程序

C. 6D 鼠标只考虑最大偏转

笔 记

D. 在运行方式 T1 下不能使用增量式手动移动

二、填空题

1. 用于接人示教器的连接插头是＿＿＿＿＿＿。

2. 构成机器人手腕的三个轴为＿＿＿＿＿＿、＿＿＿＿＿＿、＿＿＿＿＿＿。

3. SmartPAD 上信息窗口可以显示＿＿＿＿＿＿、＿＿＿＿＿＿、＿＿＿＿＿＿、＿＿＿＿＿＿ 4 种信息类型。

4. 世界坐标系又名＿＿＿＿＿＿。在供货状态下与 ROBROOT 坐标系中一致，可以从机器人足部"向外移出"。

5. 世界坐标系的三个转向运动为＿＿＿＿＿＿、＿＿＿＿＿＿、＿＿＿＿＿＿。

三、判断题

1. 示教器可以直接从控制柜上拔出。（　　　）

2. 拔出示教器后，其面板上的急停按钮不会失效。（　　　）

3. 在信息提示窗口中按下"全部 OK"，机器人相关问题即被处理。（　　　）

4. 使劲按下确认开关会触发急停。（　　　）

5. 世界坐标系又名全局坐标系，在任何情况下都与 ROBROOT 坐标系一致。（　　　）

四、简答题

简述 KUKA 机器人关机操作方法。

✎ 笔记

项目 ③

工业机器人运行准备

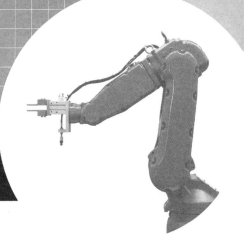

📌 项目导入

在机器人进行笛卡尔式手动移动、示教编程运行前，机器人必须做好相关运行准备工作，包括零点标定、工具坐标系创建、基坐标系创建、外部工具坐标系创建等。

只有准确标定工业机器人零点后，机器人才能达到它最高的定位精度。工具坐标系及基坐标系的创建是机器人运行准备阶段的重要工作，创建的坐标系是示教编程点位计算的基准，能够正确描述机器人在工作空间中的位置和姿态，方便了对工具和工件的操作与使用。

任务 3.1 标定机器人零点

零点是机器人轴的基准，通过专用设备电子控制仪 EMD（Electronic Mastering Device）可为每一根轴在机械零点位置指定一个基准值，这样就可以使轴的机械位置和电气位置保持一致，并将该值保存在机器人旋转变压器数字转换器 RDC（Resolver Digital Converter）中。如果机器人轴未经零点标定，则会严重限制机器人的功能，无法进行笛卡尔运行、软件限位开关关闭、示教编程，只能手动进行轴相关运动。

遇到下述情况时，必须进行零点标定。

① 机器人首次开机调试。

② 位置检测及存储部件（如带分解器或 RDC 的电机）采取了维护措施之后。

③ 控制系统关闭时机械移动了机器人的轴。

④ 进行了机械修理之后（比如更换驱动电机）、更换齿轮箱后以及以高于 250mm/s 的速度发生碰撞后。

3.1.1 零点标定原理

(1) 零点标定原理

如图 3-1 所示，零点标定可以通过技术辅助工具 EMD（Electronic Mastering Device，即电子控制仪）来为任何一根轴在机械零点位置指定一个基准值（例如：0°）。根据所应用的校准套筒型号大小，EMD 分为 MEMD（微型）和 SEMD（标准型），MEMD 应用于小型标定接口的机器人（如 KR8），SEMD 应用于大型标定接口的机器人（如 KR16）。

相关组件说明见表 3-1。

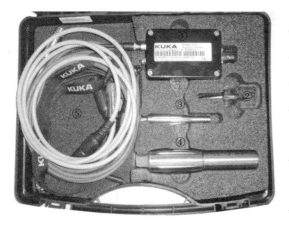

图 3-1 SEMD/EMD 设备组件

表 3-1 SEMD/EMD 设备组件说明

序号	组件说明
①	通用型校准箱
②	螺丝刀
③	MEMD—传感器,用于小型校准套筒
④	SEMD—传感器,用于大型校准套筒
⑤	电缆

　　零点标定过程如图 3-2 所示,首先将各轴置于一个定义好的机械位置,即所谓的机械零点,通常用测量刻槽或划线表示,即预零点标定标记;接着用 EMD 对机器人某根轴的机械零点位置进行精确确定,在此过程中,轴必须一直运行,直到探针达到测量槽最深点时自动停止;然后,求出槽口起点和终点之间的平均值,计算测量槽口的最低点并确定为零点标定值。

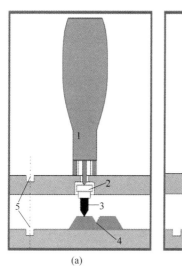
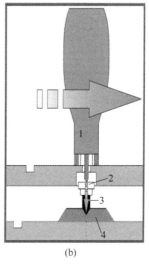

(a)　　　　　　　　(b)

图 3-2 零点标定过程

1—EMD(电子控制仪);2—测量套筒;3—探针;4—测量槽;5—预零点标定标记

 注意

　　• 机器人的轴必须以图 3-2 中所示箭头方向由"＋"向"－"运动方向查找机械零点,如果必须改变方向,则必须先反方向将轴运动到超过预零点标定标记的位置,然后在正向重新定位到标记,这样可以消除传动方向间隙。

　　• 校正过程始终在同样温度条件下进行,避免热膨胀而引起误差。

(2) 零点标定方式

零点标定常分为标准和带负载校正两种方式。

① 标准的零点标定　如图 3-3 所示，当机器人要求较低的精确度和较低的负载规格时，采用标准的零点标定。标准的零点标定有两种方式：执行零点校正、检查零点校正。

图 3-3　标准的零点标定

标准-零点标定的两种方式详见表 3-2。

表 3-2　标准零点标定方式

序号	校正方式	说　明
①	执行零点校正	机器人首次投入运行使用,此时机器人各轴没有分配零点,必须为每个轴分配零点
②	检查零点校正	应用于已零点标定的机器人,由于各种碰撞、维修等原因造成零点丢失后,需要检查哪个轴丢失了零点并为该轴零点校正; 机器人需要重新投入运行时

② 带负载校正　如果机器人在首次校正后，需要加装较大、较重的工具，由于机器人载荷的提高和部件及齿轮箱上材料固有弹性等因素的影响，带负载的机器人与未带负载的机器人相比，其位置会有所偏差，为了提高机器人精度，要补偿由于载荷变化带来的偏差。"偏量学习"即带负载进行，与首次零点标定（无负载）的差值被储存。只有经带负载校正的机器人才具有所要求的高精确度，因此必须针对每种负荷情况进行偏量学习。

如图 3-4 所示，当机器人精密度要求高（例如激光焊）或有多种负载规格时（机器人在其应用领域中操作变化的负载），应采用带负载校正方式，带负载校正方式有三种：首次调整、偏量学习、负载校正。

图 3-4　带负载校正

图 3-4 中带负载校正三种方式的介绍详见表 3-3。

表 3-3　带负载校正三种方式

序号	校正方式	说　明
①	首次调整	首次调整,用于机器人在不带负载情况下,首次投入运行使用
②	偏量学习	"偏量学习"即带负载进行,与首次零点标定（无负载）的差值被储存,补偿机器人机械位置偏差
③	负载校正	负载校正分为带偏量和无偏量两种方式; 应用于已经"偏量学习"的机器人,当需要检查零点或机器人的偏量是否丢失并对丢失的零点或偏量进行检验校正时; 如果该轴丢失了零点,采用无偏量方式进行负载检查并校正; 如果该轴丢失了偏量,采用带偏量方式进行负载校正

（3）零点标定的位置

不同型号的机器人零点位置不同，常见机器人零点标定位置见表3-4。

表3-4 不同型号机器人零点位置的角度值

轴	"Quantec"代机器人	其他机器人（例如KR16等）	轴	"Quantec"代机器人	其他机器人（例如KR16等）
A1	$-20°$	0	A4	$0°$	$0°$
A2	$-120°$	$-90°$	A5	$0°$	$0°$
A3	$+110°$	$+90°$	A6	$0°$	$0°$

3.1.2 标定机器人零点

零点标定有标准和带负载校正两种方式，标准零点标定适用于机器人精密度要求较低和只有较低的负载规格时，带负载校正适用于机器人精密度要求高或有多种负载规格时。本节以带负载校正步骤和方法为例进行讲解。

（1）首次零点标定（首次调整）

当机器人没有负载、没有安装工具或附加负载时，才可以执行首次零点标定（首次调整），执行首次零点标定的步骤如下。

a. 将机器人移到预零点标定位置，如图3-5所示。

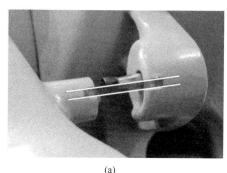 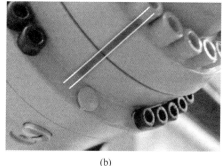

（a）　　　　　　　　　　　　　（b）

图3-5 预零点标定位置

b. 在主界面选择"主菜单"→"投入运行"→"调整"→"EMD"→"带负载校正"→"首次调整"，一个窗口自动打开，如图3-6所示。界面中显示机器人当前所有待零点标定的轴，并且编号最小的轴已被选定。

c. 从窗口中选定的轴上取下测量筒的防护盖，翻转过来的EMD可用作螺丝刀，用EMD把防护盖拧下来，然后再逆时针旋转将EMD安装在测量筒上，如图3-7所示。

d. 按窗口中所选定的轴，将测量导线一端连接到EMD上，另一端连接到机器人本体接线盒的X32接口上，要确保界面上"与EMD连接"和"在零点标定区域内的EMD"这两项的灯变为绿色后，方可进入下一步，如图3-8所示。

图3-6 首次调整窗口

笔 记

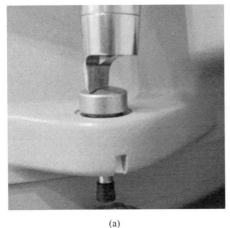

(a)　　　　　　　　　　　　　　　　　　(b)

图 3-7　正确安装 EMD

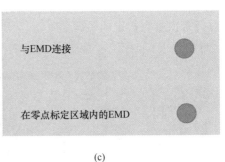

(a)　　　　　　　　　(b)　　　　　　　　　(c)

图 3-8　EMD 电缆连接

🖐 注意

- 要将不带测量导线的 EMD 拧到测量筒上，然后方可将测量导线接到 EMD 上，否则测量导线会损坏。

- 在拆除 EMD 时必须先拆下 EMD 的测量导线，然后才能将 EMD 从测量筒上拆下。在调整之后，将测量导线从接口 X32 上取下，否则会出现干扰信号或导致损坏。

e. 进行校正时，首先点击图 3-9 中的"校正"按钮，接着如图 3-10 所示按下"确认开关"到中间位置，待示教器上驱动装置变成绿色"I"时，按住启动键执行校正。如果EMD 通过了测量切口的最低点，则已到达零点标定位置，机器人自动停止运行，数值被保存，该轴在窗口中消失，该轴的校正完成。以 A1 轴为例，如果 A1 轴首次零点标定完成，A1 轴将从窗口消失。

f. 将测量导线从 EMD 上取下，然后从测量筒上取下 EMD，并将防护盖重新安装好。

g. 所有需要进行零点标定的轴重复步骤 a～f。

h. 标定完成后，关闭窗口。

i. 将测量导线从接口 X32 上取下。

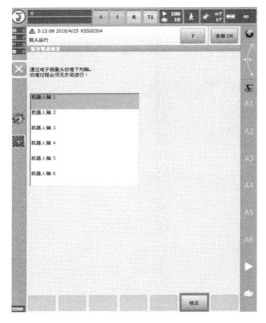

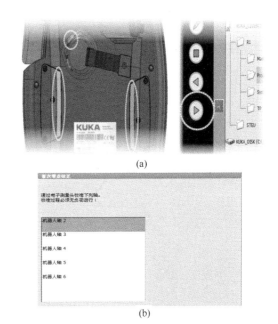

图 3-9　首次零点标定校正　　　　图 3-10　按住使能键及启动键，开始首次零点标定

注意

• 在某根轴的零点校正工作结束后，必须重新盖上测量头的保护盖。若有异物混入，将损坏测量装置的灵敏度，并会导致产生昂贵的修理费用。

(2) 带负载的偏量学习

"偏量学习"必须带负载进行，保存与首次零点标定之间的差值，现以带负载校正方式下偏量学习为示例，操作步骤如下。

a. 将机器人移到预零点标定位置。

b. 在主界面选择"主菜单"→"投入运行"→"调整"→"EMD"→"带负载校正"→"偏量学习"→"输入工具号"→"工具 OK"，一个窗口自动打开，所有未偏量学习的轴都显示出来，默认选项为最小编号的轴，如图 3-11 所示。

c. 按窗口中所选定的轴，将测量导线一端连接到 EMD 上，另一端连接到机器人本体接线盒的 X32 接口上，要确保界面上"与 EMD 连接"和"在零点标定区域内的 EMD"这两项的灯变为绿色后，方可进入下一步，如图 3-8 所示。

d. 点击"学习"按钮，并按住确认键和启动键。当 EMD 识别到测量切口的最低点时，则表示到达零点标定位置，机器人停止运行，一个窗口自动打开，该轴上与首次零点标定的偏差以增量和角度的形式表现出来，如图 3-12 所示，点击"保存"按钮，表示偏量学习设置完成。

e. 将测量导线从 EMD 上取下，然后从测量筒上取下 EMD，并将防护盖重新装好。

f. 然后，对所有需要进行零点标定的轴重复步骤 c~e。

g. 将测量导线从接口 X32 上取下，并点击"关闭"按钮，关闭窗口。

(3) 负载检查

此项功能可以检查并且在必要时恢复首次校正参数，机器人在带工具的情况下被校

笔 记

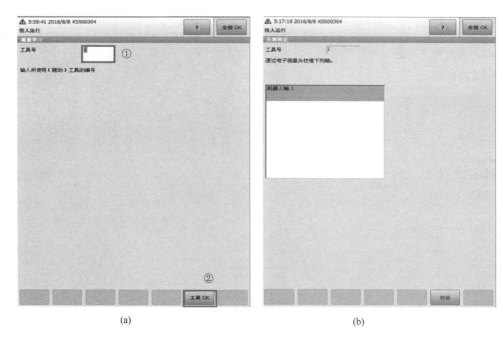

图 3-11 偏量学习工具及轴

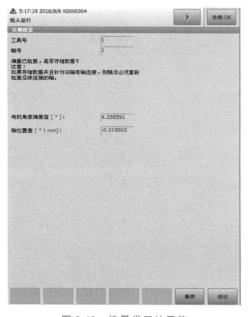

图 3-12 偏量学习结果值

正。如果工具被学习过，那么首次校正的参数将根据学习的偏差重新计算，并且在征得使用者同意的情况下被覆盖，这项功能仅在T1 运行方式下有效。操作步骤如下。

a. 将机器人移到预零点标定位置。

b. 主菜单中选择"投入运行"→"调整"→"EMD"→"带负载校正"→"负载校正"→"带偏量"→"输入工具号"→"工具OK"，一个窗口自动打开，所有未学习的轴都显示出来，默认选项为最小编号的轴。

c. 按窗口中所选定的轴，将测量导线一端连接到 EMD 上，另一端连接到机器人本体接线盒的 X32 接口上，要确保界面上"与EMD连接"和"在零点标定区域内的 EMD"这两项的灯变为绿色后，方可进入下一步，如图 3-8 所示。

d. 如图 3-13 所示，点击"检验"按钮。

e. 按住确认键并按下启动键。当 EMD 识别到测量切口的最低点时，则已到达零点标定位置，机器人自动停止运行。弹出窗口如图 3-14 所示窗口，点击"保存"按钮。

f. 将测量导线从 EMD 上取下，然后从测量筒上取下 EMD，并将防护盖重新装好。

g. 对所有需要进行零点标定的轴重复步骤 c～f。

h. 点击"关闭"按钮。

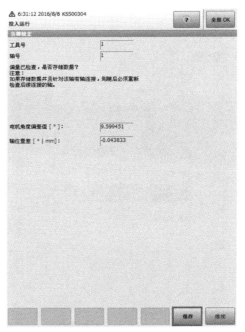

图 3-13　负载校正检查　　　　　图 3-14　负载校正检查结果值

3.1.3　取消零点校正

当已校正的机器人，由于碰撞等外部原因，零点精度受到影响，但是零点尚未丢失。这时候就需要取消已存在的零点，重新进行零点标定，操作方法如下。

a. 主菜单中选择"投入运行"→"调整"→"去调节"，如图 3-15 所示。

b. 弹出"取消校正以下诸轴中的一根"窗口界面，默认选择为序号最小的轴，如图3-16 所示。

图 3-15　投入运行→调整→去调节

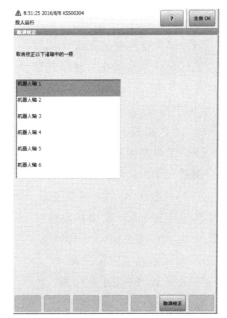

图 3-16　待取消校正的轴窗口界面

c. 点击选择即将取消校正的那一根轴，以取消 A3 轴零点为例，点击"机器人轴 3"键，接着点击"取消校正"键，"机器人轴 3"从窗口消失，表示 A3 零点校正取消，如图3-17 所示。

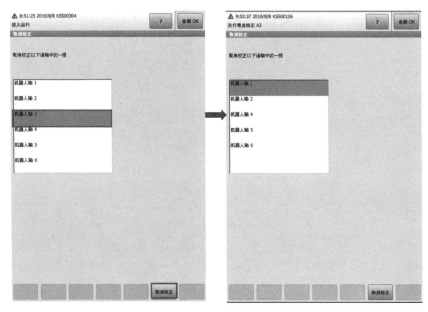

图 3-17　取消零点校正示例

d. 对所有需要进行取消零点校正的轴重复步骤 c。

任务 3.2　标定机器人工具坐标系

3.2.1　工具坐标测量概述

(1) 工具坐标系的定义

工具坐标系是指在工具中选取一个参考点并以该参照点为原点创建的坐标系，这个参照点称为 TCP（Tool Center Point），这个坐标系称为工具坐标系。它是一个直角坐标系（笛卡尔坐标系），其坐标系的 X 轴与工具作业方向一致，随着工具的移动而移动，不同工具的 TCP 如图 3-18 所示。

(2) 工具坐标测量的优势

如果一个工具已经被测定，则在示教编程或移动机器人中具有以下优势。

① 可围绕工具 TCP 改变姿态　如图 3-19 所示，将工具 TCP 点靠近一个固定的参考点，选择该工具坐标系，使用移动键或 6D 鼠标操作机器人，原点不移动（X、Y、Z 不改变），仅改变 A、B、C 的值，不管机器人在什么姿态，TCP 始终与参考点相对空间位置不变。

② 沿工具作业方向的移动　如图 3-20 所示，以 X 方向移动时，工具 TCP 始终沿着作业方向移动，方便手动示教。

③ 可实现 TCP 以已编程设定的速度沿着轨迹运动　如图 3-21 所示，在直线或圆弧运动轨迹运动编程时，使用已定义工具坐标，在编程时设定好机器人速度后，程序运行过程

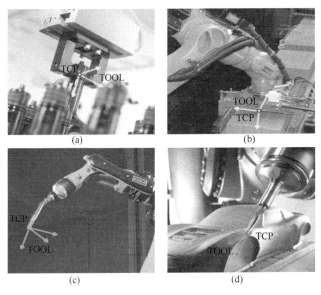

图 3-18 不同工具的 TCP 点

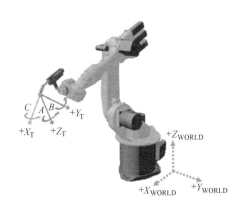

图 3-19 绕工具坐标改变姿态

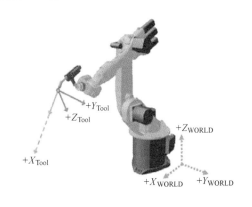

图 3-20 沿 X 方向移动

中工具 TCP 始终以编程设定的速度运行。

④ 定义的姿态引导编程 如图 3-22 所示，在直线或圆弧运动轨迹运动编程时，使用已定义工具坐标，TCP 可在恒定姿态或引导姿态下进行运动。

⑤ 可同时使用多个工具坐标系 KUKA 机器人最多可建立 16 个不同的工具坐标系，一段程序里面可应用多个工具坐标系。

笔 记

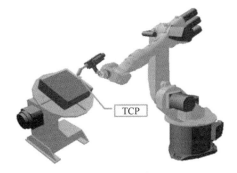

图 3-21 设定速度轨迹编程

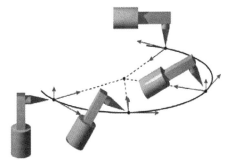

图 3-22 定义的姿态引导编程

3.2.2　工具坐标的测量原理及方法

（1）工具坐标的测量原理

如图 3-23 所示，工具坐标的测量原理是通过系统给定的测量方法，计算出工具坐标系相对于法兰坐标系之间的位置（X、Y 和 Z）以及姿态（A、B、C），并将数据保存在 System/Config.dat 文件中，让机器人精确地知道工具 TCP 位置。

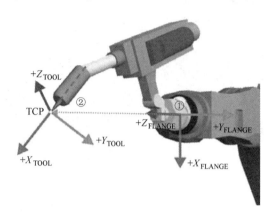

图 3-23　工具坐标与法兰坐标

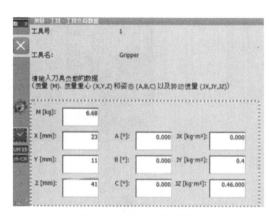

图 3-24　工具负载数据

（2）工具负载数据

工具负载数据是指所有装在机器人法兰上的负载，它附加装载在机器人上，并与机器人一起移动。如图 3-24 虚线框中所示，工具负载数据包括质量（M）、物体重心至法兰（X、Y 和 Z）的距离、主惯性轴与法兰（A、B 和 C）的夹角、物体绕惯性轴（JX、JY 和 JZ）的转动惯量。工具负载数据会对控制算法（计算加速度）、速度和加速度监控、力矩监控、碰撞监控、能量监控等产生很大的影响，错误的负载数据降低会机器人使用精度、加大磨损和节拍时间等，因此正确输入负载数据是非常重要的。

图 3-25　工具坐标系测量方法

（3）测量方法

工具坐标系主要用于测量坐标的原点和方向（姿态），其测量方法如图 3-25 和表 3-5 所示。

表 3-5　工具坐标系测量方法

步骤	测量项目	测量方法	
1	确定坐标系的原点	XYZ 4 点法（图 3-25 中①）	
		XYZ 参照法（图 3-25 中②）	
2	确定坐标系的姿态	ABC 2 点法（图 3-25 中③）	
		ABC 世界坐标系法（图 3-25 中④）	5D 法
			6D 法
其他	直接输入 TCP 至法兰中心点的距离值（X、Y、Z）和转角（A、B、C）		

① XYZ 4 点法的测量方法　XYZ 4 点法的测量是将工具的 TCP 从 4 个不同方向移向一个参照点（一般选择尖端点或具有明显特征的点），机器人控制系统从不同的法兰位置值中计算出 TCP 位置坐标，并将 TCP 的位置保存下来，如图 3-26 所示。

工具坐标的创建-XYZ 4 点法

(a)

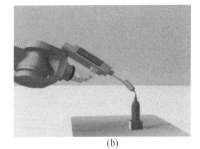

(b)

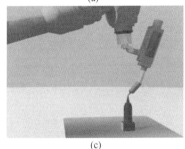

(c)

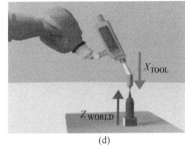

(d)

图 3-26　XYZ 4 点法测量示例

 注意

• 4 个不同方向的法兰位置不能在同一个平面，且距离足够远。

具体操作步骤如下。

a. 在主菜单中选择"投入运行">"测量">"工具">"XYZ 4 点法"，如图 3-27 所示。

投入运行	测量	工具
投入运行助手	工具 ►	XYZ 4 点法
测量 ►	基坐标 ►	XYZ 参照法
调整 ►	固定工具 ►	ABC 2 点法

图 3-27　XYZ 4 点法示例

笔 记

b. 为待测的工具给定一个"工具号"①和"工具名"②，单击"继续"按钮，进行下一步。工具的命名要有意义和指向性，便于后续工作对工具的使用，如图 3-28 所示。

c. 如图 3-29 所示，将工具 TCP 从方向 1 移至任意一个参照点（参照点位置不得移动），按下"测量"按钮，出现"要采用当前位置吗?"，选择"是"确认，完成第一个点的测量，然后单击"继续"按钮，进行下一步。

d. 将工具的 TCP 从方向 2 移至参照点，按下"测量"按钮，出现"要采用当前位置吗?"，选择"是"确认，完成第二个点的测量，然后单击"继续"按钮，进行下一步。

e. 重复上一个步骤两次，依次完成第三个点（方向 3 至参照点）和第四个点（方向 4 至参照点）的测量，如图 3-30 所示。

图 3-28　工具命名示例

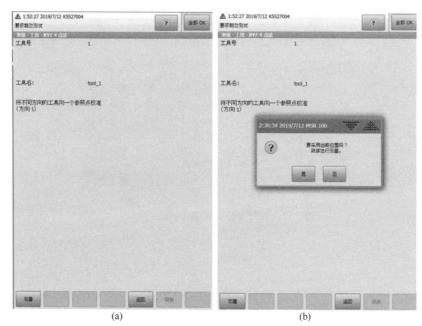

(a)　　　　　　　　　　　　　　　(b)

图 3-29　方向 1 测量

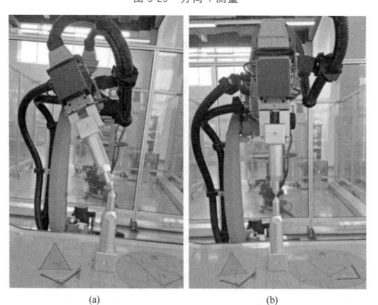

(a)　　　　　　　　　　　　　　　(b)

图 3-30　方向 3 和方向 4 测量

f. 负载数据窗口自动打开，输入正确的负载数据后，并勾选是否进行在线负载数据检查的相关选项，然后按下"继续"按钮，如图 3-31 所示。

注意

• 正确输入负载数据是非常重要的，错误的负载数据会严重影响机器人节拍时间、加大磨损、降低机器人寿命等。"$M=-1$"为机器人默认设置值，表示机器人满载，此时工具的质心最远、重量最大、转动惯量最大，因此不能贸然在工具负载数据 M 中填入"-1"，而是输入工具负载正确的数据。

• 故障值应小于等于 0.9，如果超出该允许范围，则需要重新使用 XYZ 4 点法测量 TCP。

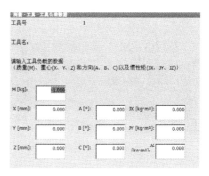

图 3-31　工具负荷数据示例

g. 点击"保存"按钮，完成 TCP 的创建。

② XYZ 参照法的测量方法　XYZ 参照法是对一件新工具与一件已测量过的工具进行比较测量，机器人控制系统比较法兰的位置，并对新工具的 TCP 进行计算，这种方法适用于形状相似的同类型工具，如图 3-32 所示。

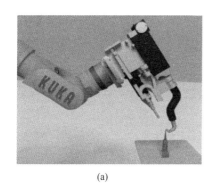
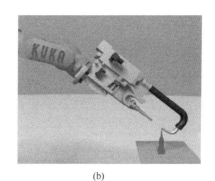

(a)　　　　　　　　　　　　　　(b)

图 3-32　XYZ 参照法示例

XYZ 参照法测量的前提条件是在连接法兰上装有一个已测量过的并且 TCP 数据已知的工具，具体操作步骤如下。

a. 在主菜单中选择"投入运行">"测量">"工具">"XYZ 参照法"，如图 3-33 所示。

投入运行	测量	工具
投入运行助手	工具 ▶	XYZ 4 点法
测量 ▶	基坐标 ▶	XYZ 参照法
调整 ▶	固定工具 ▶	ABC 2 点法

图 3-33　XYZ 参照法示例

b. 为新工具输入"工具号"①和"工具名"②，用"继续"键确认，如图 3-34 所示。

c. 输入已经测量的工具的 TCP 数据。用"继续"键确认，如 3-35 所示。

笔　记

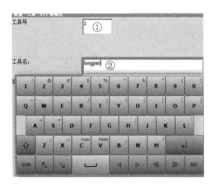

图 3-34　工具号和工具名示例

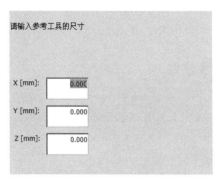

图 3-35　参考工具尺寸

　　d. 如图 3-36 所示，将已知工具的 TCP 移至一个参照点，按下"测量"按钮，接着点击"是"键采用当前位置。

　　e. 将已知的工具安全回退，然后拆下，安装上待测的新工具。

　　f. 如图 3-37 所示，将新工具的 TCP 移至参照点，按下"测量"按钮，接着点击"是"键采用当前位置。

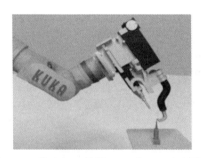

图 3-36　将已知工具的 TCP 移至一个参照点

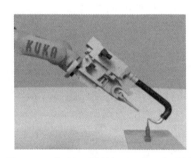

图 3-37　将新工具的 TCP 移至参照点

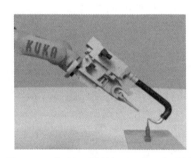

图 3-38　工具负载数据输入

　　g. 如图 3-38 所示，在弹出的负载数据窗口中，输入新工具的工具负载数据，点击"继续"按钮进入下一步。

　　h. 按下"保存"按钮，数据被保存，窗口关闭。

　　③ ABC 2 点法　当轴的方向要求精确确定时，应采用 ABC 2 点法。该方法是首先确定 TCP（原点），接着确认 X 轴上的一点，确定 X 轴方向，最后确定 XY 平面上 Y 值为正的一点确定 Y 轴方向，从而确定工具坐标系的各轴。但是该方法也存在一定的局限性，即旋转方向必须精确确定之后才可使用这种方法。

　　操作步骤如下。

　　a. 在主菜单中选择"投入运行">"测量">"工具">"ABC 2 点法"，如图 3-39 所示。

　　b. 输入"工具号"和"工具名"，用"继续"键确认。

　　c. 将 TCP 移至任一个参照点。按下"测量"按钮，出现"要采用当前位置吗?"，选择"是"应用当前位置，完成工具原点的测量，如图 3-40 所示。

投入运行助手	工具	▶	XYZ 4 点法
测量	▶	基坐标	▶	XYZ 参照法
调整	▶	固定工具	▶	ABC 2 点法

图 3-39　ABC 2 点法示例

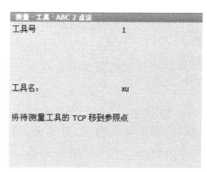

图 3-40　将 TCP 移至任一个参照点

d. 移动工具使得参照点与待测工具的 X 轴负向上的一点重合，按下"测量"键，出现"要采用当前位置吗？"，选择"是"确认，完成 X 轴方向的测量，如图 3-41 所示。

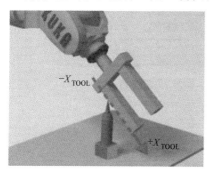
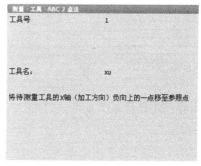

图 3-41　参照点与工具的 X 轴负向上的一点重合

e. 移动工具使得参照点与待测工具的 XY 平面上 Y 值为正的一点重合。按下"测量"按钮，出现"要采用当前位置吗？"，选择"是"确认，完成 Y 轴方向的测量，如图 3-42 所示。

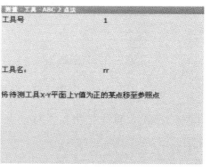

图 3-42　参照点与待测工具的 XY 平面上 Y 值为正的一点重合

f. 在弹出的负载数据窗口中，输入新工具的工具负载数据，点击"继续"键进入下一步。

g. 按下"保存"按钮，数据被保存，窗口关闭。

④ ABC 世界坐标系法原理　将工具坐标系的轴方向调整至平行于世界坐标系的轴，机器人控制系统从而得知工具坐标系统的姿态取向。ABC 世界坐标系法确定姿态可分为两种方式。

工具坐标的
创建-ABC 世界
坐标系法

・5D 法：只将工具的作业方向告知机器人控制系统。该作业方向默认为 X 轴，其他轴的方向由系统确定，应用范围：MIG/MAG 焊接、激光切割或水射流切割等，平行方向：$+X_{\text{工具坐标系}} // -Z_{\text{世界坐标系}}$。

・6D 法：机器人控制系统得到所有 3 个轴的方向，将所有 3 根轴的方向均告知机器人控制系统。应用范围：焊钳、夹持器或黏胶喷嘴，平行方向：$+X_{\text{工具坐标系}} // -Z_{\text{世界坐标系}}$、$+Y_{\text{工具坐标系}} // +Y_{\text{世界坐标系}}$、$+Z_{\text{工具坐标系}} // +X_{\text{世界坐标系}}$。

现以 ABC 世界坐标系的 6D 法为例，操作步骤如下。

a. 如图 3-43 所示，在主菜单中选择"投入运行"＞"测量"＞"工具"＞"ABC 世界坐标系"。

图 3-43　ABC 世界坐标系 6D 法示例

b. 选择待创建坐标系方向的工具的"工具号"，工具名会自动弹出，点击"继续"按钮进入下一步。

c. 在 5D/6D 下拉菜单中，选择"6-D"，如图 3-44 所示。

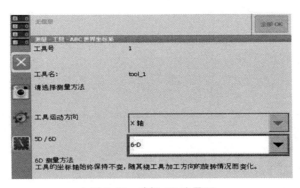

图 3-44　选择 6D 法界面

d. 如图 3-45 所示，首先把机器人移动到特定的平行方向，使工具加工方向 $+X_{\text{TOOL}}$ 与 $-Z_{\text{WORLD}}$ 平行，$+Y_{\text{TOOL}}$ 与 $+Y_{\text{WORLD}}$ 平行，$+Z_{\text{TOOL}}$ 与 $+X_{\text{WORLD}}$ 平行，接着点击"测量"按钮，若要应用该平行方向，在弹出的"要采用当前位置吗?"选项中选"是"，应用当前位置。

笔 记

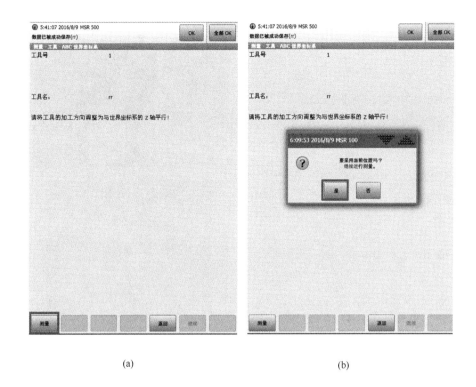

(a)　　　　　　　　　　　(b)

图 3-45　6D 法操作示例

e. 负载数据窗口重新打开，检查数值，保证输入的是正确的负载数据，并用"继续"键确认。

f. 计算得出的角度 A、B 和 C 的窗口打开，并用"保存"键应用该数据。

3.2.3　调用已创建的工具坐标系

当工具坐标系创建成功后，可以对该工具进行调用，并在该工具坐标系中根据工具的坐标方向移动机器人。由于工具坐标系属于笛卡尔坐标系，因此在工具坐标系中可以以两种不同方式移动机器人。

① 沿坐标系的坐标轴方向平移（直线）：X、Y、Z。

② 环绕着坐标系坐标轴方向的转动（旋转/回转）：角度 A、B 和 C。

要调用已创建的工具坐标系有以下注意事项。

① 需要使用移动键。

② 有 16 个工具坐标系可供选择。

③ 仅在 T1 运行模式下并且确认键必须已经按下。

④ 手动倍率可以调节。

⑤ 手动运行时，未经测量的工具坐标系始终等于法兰坐标系（TOOL 0）。

调用已创建的工具坐标系操作步骤详见表 3-6。

在工具坐标系
下移动机器人

笔 记

表 3-6 在工具坐标系下移动机器人操作步骤

操作步骤	图 例
第一步:选择工具作为按键所使用的坐标系	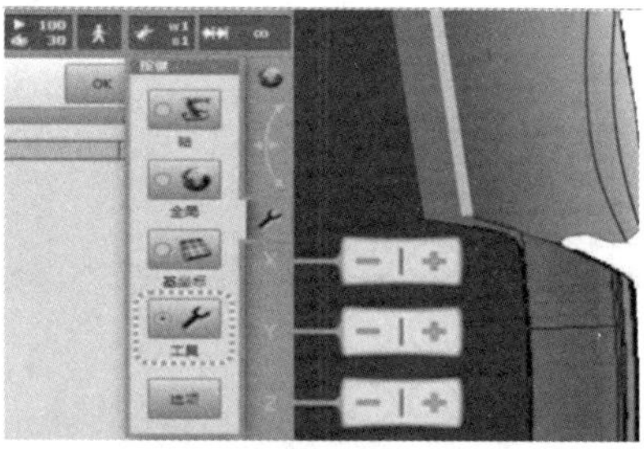
第二步:选择要调用的工具编号	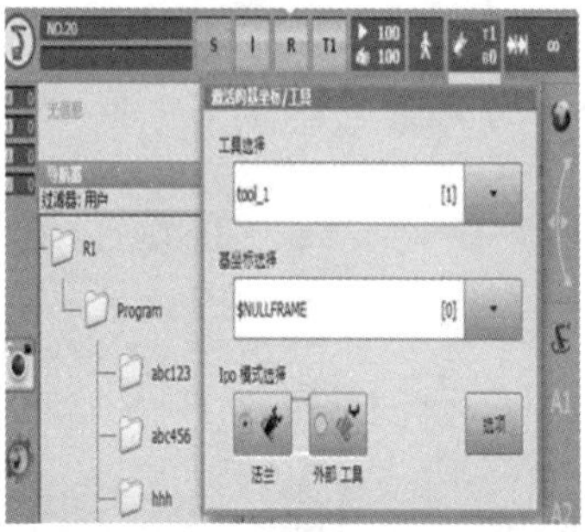
第三步:设定手动速度	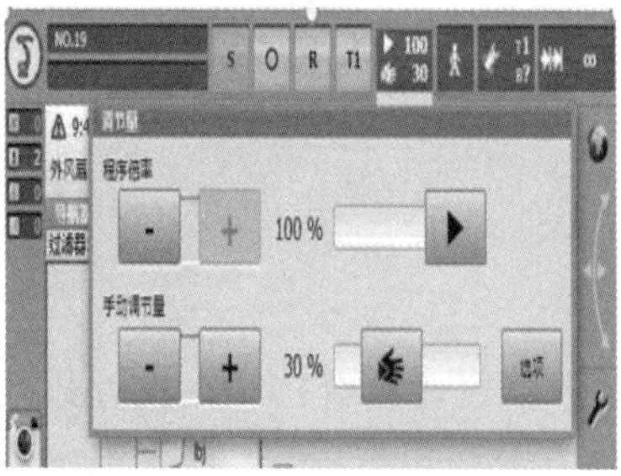
第四步:将确认键①按至中间挡位（1、2 或 3）并按住	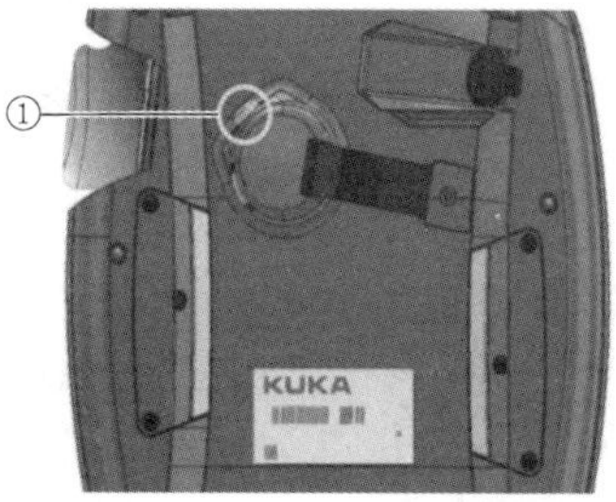
第五步:用移动键来移动机器人	

笔 记

任务练习

任务练习 1：气爪工具的创建

（1）任务内容

从笔架中取出最上方的尖触头，然后将其夹入气爪，如图 3-46 所示。现要求用 XYZ 4 点法和 ABC 世界坐标系 6D 法测量带尖触头的气爪工具。

（2）任务提示

① 接通控制柜，等待启动阶段结束，将紧急停止按钮复位并确认。

② 确保设置了运行方式 T1。

③ 参照任务 3.2.2 操作方法，使用 XYZ 4 点法测量带尖触头气爪的 TCP。如图 3-47 所示，可以以另一个尖触头的顶尖作为参照点，要求故障值不超过 0.9mm。

图 3-46　尖触头工具

图 3-47　另一个尖触头的顶尖作为参照点

笔记

④ 机器人从 4 个不同方向移向参照点，测量出 TCP 位置后，输入工具负载数据，会弹出故障值，要求故障值不超过 0.9mm。

a. 带尖触头气爪工具负载数据如下，详见表 3-48 所示。

质量：		
$M = 4.5$ kg		
质量重心：		
$X = 42.5$ mm	$Y = 12.5$ mm	$Z = 125$ mm
导向：		
$A = 0°$	$B = 0°$	$C = 0°$
转动惯量：		
$J_X = 0.018$ kgm^2	$J_Y = 0.025$ kgm^2	$J_Z = 0.016$ kgm^2

图 3-48　带尖触头气爪工具负载数据

图 3-49　参考姿态示例

b. 带尖触头气爪工具编号 _____，工具名称 _____，故障值 _____。

⑤ 在测量 TCP 后，参照任务 3.2.2 操作方法，使用 ABC 世界坐标系 6D 法，测量坐标系方向，要求平行方向：$+X_{工具坐标系}$ // $-Z_{世界坐标系}$、$+Y_{工具坐标系}$ // $+Y_{世界坐标系}$、$+Z_{工具坐标系}$ // $+X_{世界坐标系}$，参考姿态如图 3-49 所示。

⑥ 保存工具数据。

任务练习 2：调用创建的带尖触头气爪工具

（1）任务内容

① 在已经创建的带尖触头气爪工具坐标系下，用移动键以适当的手动倍率（HOV）移动机器人。

② 在移动过程中测试沿 X、Y、Z 方向的移动和绕 TCP 的转动 A、B、C。

③ 借助该工具坐标系从笔架上取出尖触头。

（2）任务提示与要求

① 接通控制柜，等待启动阶段结束，将紧急停止按钮复位并确认。

② 确保设置了运行方式 T1，将尖触头从气爪上取下放回笔架，气爪处于打开状态。

③ 如图 3-50 所示，参照任务 3.2.3 操作方法，选择工具号，移动键选项设置为工具，调用带尖触头气爪的工具坐标系，移动机器人，测试 X、Y、Z、A、B、C 六个方向。

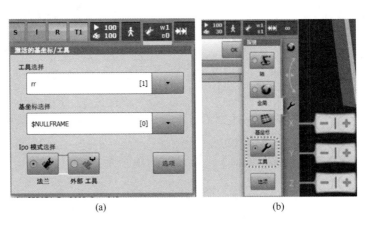

图 3-50　移动键选项为工具坐标系

④ 如图 3-51 所示，首先将气爪移动到接近笔架的地方，气爪处于打开状态；接着机器人沿着 X 轴正方向移动，同时调整好姿态，直到气爪正确卡入尖触头尾部；最后闭合气爪，沿着 X 轴负方向慢速拉出尖触头，直至完全拉出，完成任务。注意在整个过程应避免碰撞。

(a) 移动气爪到笔架处　　　　　(b) 闭合气爪　　　　　(c) 拉出气爪

图 3-51　抓取尖触头过程

任务 3.3　标定机器人基坐标系

3.3.1　基坐标系概述

为了便于机器人在工件上的移动，以世界坐标系为参照，用户创建了基坐标系。用基坐标测量的优势如下。

① 可以沿着工件边缘移动，如图 3-52 所示。

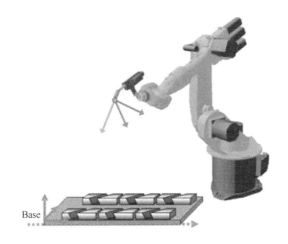

Base

图 3-52　移动基坐标系

② 可以作为参照坐标系　如图 3-53 所示，对于一样的形状，一样的轨迹，不在同一个位置的工件不需要重复编程，只需要更改坐标系就可以了；如果基坐标系发生偏移，那么已示教完成的轨迹会跟着发生偏移，并不会因为偏移发生变化。

③ 可同时使用多个基坐标系　KUKA 机器人最多可建立 32 个不同的坐标系，一段程序里面可应用多个基坐标系。

笔 记

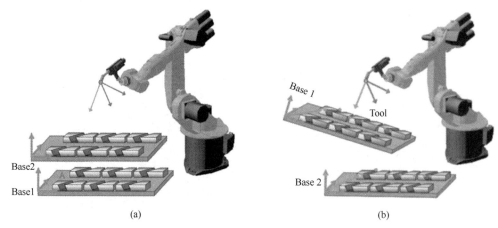

图 3-53　基坐标作为参照坐标系

3.3.2　基坐标的测量方法

（1）基坐标的测量原理

基坐标的测量原理是通过系统给定的测量方法，以世界坐标系为参考，计算出基坐标系相对于世界坐标系之间的位置（X、Y 和 Z）以及姿态（A、B、C），并将数据保存在 System/Config.dat 文件中，以确定基坐标系的位置。

基坐标的
测量方法

图 3-54　基坐标系测量方法

（2）基坐标系的测量方法

基坐标的测量分为两个步骤，首先测量坐标系的原点，接着测量坐标系方向（姿态），其测量方法如图 3-54 和表 3-7 所示。

笔记

表 3-7　基坐标系测量方法说明

序号	方法	说　明
①	3 点法	先测量原点，再测量 X 轴正方向和 Y 轴正方向
②	间接法	当无法逼近基座原点时，例如：该点位于工件内部或位于机器人工作空间之外时，须采用间接法。此时须逼近 4 个相对于待测量的基坐标其坐标值（CAD 数据）已知的点。机器人控制系统将以这些点为基础对基准进行计算
③	数字输入法	直接输入至世界坐标系的距离（X、Y、Z）和转角（A、B、C）

由于测量基坐标时，很少使用到间接法，在本书中不进一步进行讲解。

注意

采用 3 点法测量时，三个测量点不允许位于一条直线上，这些点间必须有一个最小夹角（标准设定 2.5°）。

① 3 点法　首先测量原点，再测量 X 轴正方向和 Y 轴正方向，操作步骤如下。

a. 在主菜单中选择"投入运行">"测量">"基坐标">"3点",如图 3-55 所示。

图 3-55　3 点法示例

b. 选择基坐标号①,并输入基坐标名称②,点击"继续"按钮进入下一步,如图 3-56 所示。

c. 选择参考工具,输入参考工具编号①,点击"继续"按钮③,进入下一步,如图 3-57 所示。

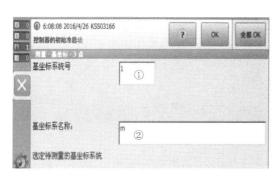

图 3-56　基坐标示例

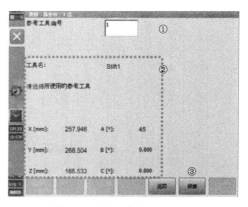

图 3-57　输入参考工具编号

d. 如图 3-58 所示,将参考工具的 TCP 移动到即将创建的基坐标系的原点,点击"测量"按钮,再点击"是"应用该位置,测量出基坐标系的原点。

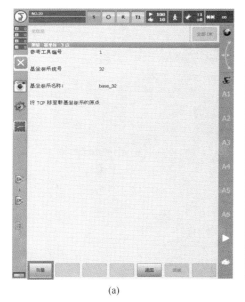

(a)

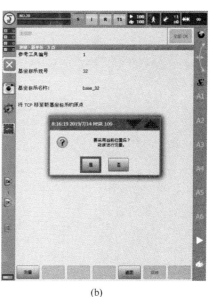

(b)

图 3-58　将 TCP 移至基坐标的原点

e. 接着将 TCP 移至基坐标系的 X 轴正方向上的一点，当位置合适后，点击"测量"按钮，再点击"是"应用该位置，测出基坐标系 X 的正方向，如图 3-59 所示。

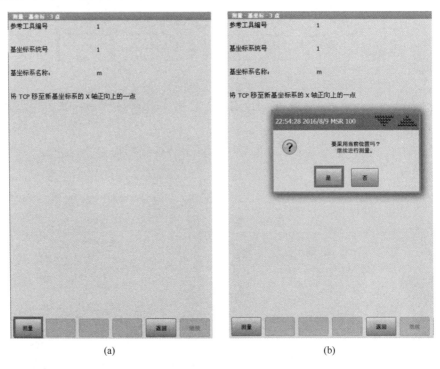

图 3-59　将 TCP 移至基坐标系 X 轴正方向上的一点

f. 接着将 TCP 移动至基坐标系的 XY 平面上 Y 值为正的一点，点击"测量"按钮，再点击"是"应用该位置，测出基坐标系 Y 的正方向，如图 3-60 所示。

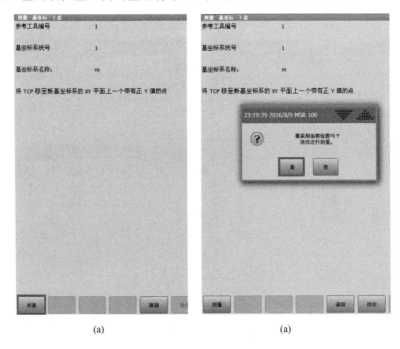

图 3-60　将 TCP 移至基坐标系 XY 平面上 Y 值为正的一点

笔 记

g. 按下"保存"键，并关闭菜单。

② 数字输入法 数字输入法是测量基坐标最简单、直接的方法。操作人员在得到正确的基坐标系至世界坐标系的距离数据，包括（X、Y、Z）和转角（A、B、C）后，可以采用数字输入法直接输入以上数据测量出基坐标。

a. 在主菜单中选择"投入运行"＞"测量"＞"基坐标"＞"数字输入"。

b. 选择基坐标号，并输入基坐标名称，点击"继续"按钮进入下一步。

c. 直接输入基坐标系数据，包括（X、Y、Z）和转角（A、B、C），点击"继续"按钮，如图3-61所示。

d. 按下"保存"键，并关闭菜单。

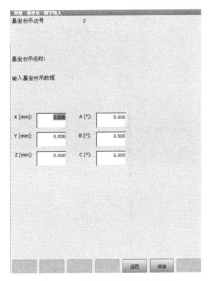

图 3-61　输入基坐标系数据

3.3.3 在基坐标系下移动机器人

当基坐标系创建成功后，为了方便机器人在工件上的操作以及示教编程，可以对该坐标系进行调用，在该坐标系中根据之前所测的方向移动机器人。

在基坐标系下
移动机器人

由于基坐标系属于笛卡尔坐标系，因此在基坐标系下可以以两种不同方式移动机器人。

① 沿坐标系的坐标轴方向平移（直线）：X、Y、Z。

② 环绕着坐标系的坐标轴方向转动（旋转/回转）：角度 A、B 和 C。

（1）在基坐标系下移动机器人前提条件

① 为此需要使用移动键或者 KUKA smartPAD 的 6D 鼠标。

② 仅在 T1 运行模式下才能手动移动。

③ 确认键必须已经按下。

（2）在基坐标下移动机器人

在基坐标系下移动机器人的操作步骤详见表3-8。

表 3-8　在基坐标系下移动机器人操作步骤

操作步骤	图　　例
第一步:选择基坐标作为按键所使用的坐标系	

续表

操作步骤	图　　例
第二步:选择要调用的基坐标编号	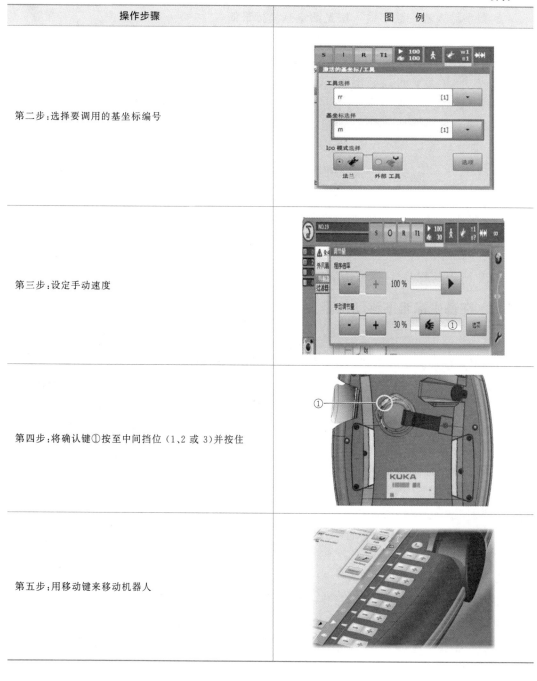
第三步:设定手动速度	
第四步:将确认键①按至中间挡位（1、2 或 3）并按住	
第五步:用移动键来移动机器人	

 任务练习

任务练习1: 基坐标系的创建

（1）任务内容

用 3 点法在工作台上测量基坐标（红色或蓝色选一个），并保存数据，如图 3-62 所示。

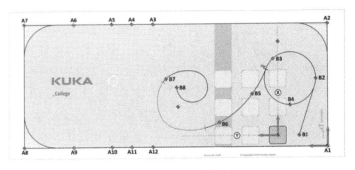

图 3-62　工作台上的基坐标系

(2) 任务提示与要求

① 接通控制柜，等待启动阶段结束，将紧急停止按钮复位并确认。

② 确保设置了运行方式 T1。

③ 参照任务 3.3.2 操作方法，使用 3 点法测量基坐标。

a. 基坐标　编号：_____，名称：_____。

b. 参考工具　编号：_____，名称：_____。

任务练习 2：在基坐标系下移动机器人

(1) 任务内容

在已创建的基坐标系下，用移动键以适当的手动倍率（HOV）移动机器人，沿 X、Y、Z、A、B、C 移动。

(2) 任务提示

① 接通控制柜，等待启动阶段结束，将紧急停止按钮复位并确认。

② 确保设置了运行方式 T1。

③ 参照任务 3.3.3 操作方法，选择基坐标号，移动键选项设置为基坐标，在基坐标系下移动机器人，测试 X、Y、Z、A、B、C 六个方向。

基坐标　编号：_____，名称：_____。

任务 3.4　标定外部固定工具

3.4.1　外部固定工具概述

(1) 外部固定工具定义

外部固定工具是指没有装在机器人法兰上随机器人运动，而是固定安装在机器人外部空间的工具，如图 3-63 所示，机器人抓着活动标牌去固定涂胶喷嘴处涂胶，则固定涂胶喷嘴为外部固定工具，它的笔尖为外部工具的 TCP，而活动标牌为安装在法兰上随机器人引导活动的工件。由于外部固定工具是以世界坐标系为基准，它的 TCP 是在外部固定的，而基坐标系的原点是固定并参照世界坐标系建立的，所以外部工具保存在基坐标系里面。

笔记

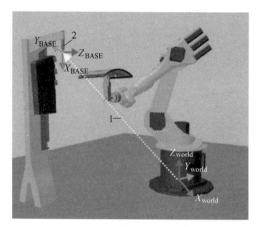

图 3-63　外部固定工具

1—活动标牌；2—固定涂胶喷嘴

（2）测量原理

① 确定固定工具的 TCP 位置　测量外部 TCP 时，需要将一个安装在机器人法兰上已测工具的 TCP（参考原点）移至待测外部 TCP 位置，由已知的 TCP 确定外部 TCP 相对于世界坐标系原点的位置，如图 3-64 所示。

② 确定固定工具坐标系姿态　如图 3-65 所示，确定姿态时要将法兰的坐标系平行于固定工具坐标系，有以下两种方式。

a. 5D 法　只将固定工具的作业方向告知机器人控制系统。该作业方向默认为 X 轴。其他轴的姿态将由系统确定，即 $+X_{固定工具}$ ∥ $-Z_{法兰坐标系}$。

b. 6D 法　将所有 3 个轴的方向都将告知机器人控制系统，即 $+X_{固定工具坐标系(BASE)}$ ∥ $-Z_{法兰坐标系(FLANGE)}$、$+Y_{固定工具坐标系(BASE)}$ ∥ $+Y_{法兰坐标系(FLANGE)}$、$+Z_{固定工具坐标系(BASE)}$ ∥ $+X_{法兰坐标系(FLANGE)}$。

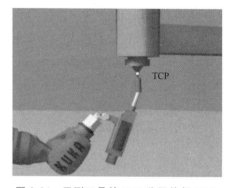

图 3-64　已测工具的 TCP 移至外部 TCP

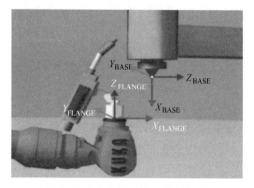

图 3-65　对坐标系进行平行校准

标定外部工具

3.4.2　外部固定工具的测量方法

以 6D 法为例，标定外部固定工具测量方法的操作步骤如下。

a. 菜单路径：机器人按键＞"投入运行"＞"测量"＞"固定工具"＞"工具"，如图 3-66 所示。

图 3-66　外部固定工具示例

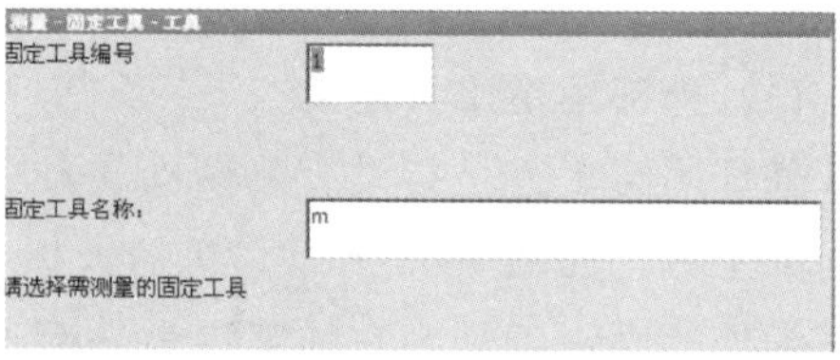

图 3-67　输入固定工具编号和名称

b. 为固定工具给定一个"固定工具编号"和"固定工具名称"，点击"继续"确认，如图 3-67 所示。

c. 输入所用"参考工具编号"，点击"继续"确认，如图 3-68 所示。

d. 根据工具方向要求，选择测量方法为"6-D"，如图 3-69 所示。

e. 如图 3-70 所示，将参考工具的 TCP 移至固定工具的 TCP，按下"测量"按钮，用"是"确认位置。

图 3-68　参考工具编号

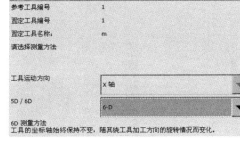

图 3-69　6D 法示例

(a)

(b)

图 3-70　将参考工具的 TCP 移至固定工具的 TCP

f. 将机器人法兰的坐标系平行于固定工具坐标系，即 $+X_{\text{工具坐标系}}$ // $-Z_{\text{世界坐标系}}$、$+Y_{\text{工具坐标系}}$ // $+Y_{\text{世界坐标系}}$、$+Z_{\text{工具坐标系}}$ // $+X_{\text{世界坐标系}}$，如图 3-71 所示。

g. 按下"测量"按钮，用"是"确认位置。

h. 按下"保存"按钮。

3.4.3　在外部工具坐标系下移动机器人

有些生产和加工过程要求机器人搬运工件（部件）但不搬运工具。所以我们无需先放置好部件便能加工，因此可节省夹紧工件的时间，例如粘接、焊接。在外部工具坐标系下移动机器人有如下注意事项。

① 固定工具坐标系作为基坐标储存。

② 在用外部工具坐标系手动移动时，运动均相对外部 TCP，实际运动方向与坐标系移动键方向全部相反。

笔 记

在固定工具
坐标系下
移动机器人

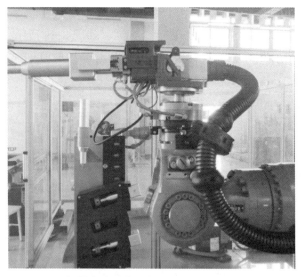

图 3-71　机器人法兰的坐标系平行于固定工具坐标系

在固定工具坐标系下移动机器人的操作步骤详见表 3-9。

表 3-9　在固定工具坐标系下移动机器人操作步骤

操作步骤	图　例
第一步：在"基坐标选择"中选择待使用的"外部工具号"（外部工具存储在基坐标中），Ipo 模式选择为"外部工具"（使用的是外部工具）	
第二步：移动键所使用的坐标系选择为基坐标系	
第三步：设定好手动倍率	

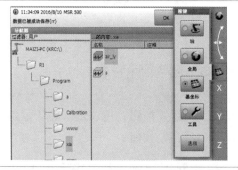

续表

操作步骤	图　例
第四步:将确认键①按至中间挡位（1、2或3）并按住	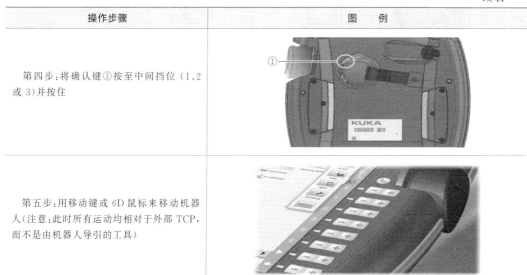
第五步:用移动键或6D鼠标来移动机器人(注意:此时所有运动均相对于外部TCP,而不是由机器人导引的工具)	

 任务练习

任务练习 1:　固定涂胶喷嘴的外部固定工具坐标系

(1) 任务内容

参见图 3-63,以固定涂胶喷嘴为外部工具,测量固定工具坐标系,用活动标牌测量活动工件坐标系。

(2) 任务提示与要求

① 接通控制柜,等待启动阶段结束,将紧急停止按钮复位并确认。

② 确保设置了运行方式 T1。

③ 参照任务 3.4.2 操作方法,使用 6D 法测量固定工具。

a. 参考工具　编号: _____ ,名称: _____ 。

b. 固定工具　编号: _____ ,名称: _____ 。

c. 每次测量时都注意保存好数据。

任务练习 2: 调用创建的固定工具坐标系移动机器人

(1) 任务内容

在已创建外部固定工具坐标系下,用移动键以适当的手动倍率（HOV）移动机器人。在此过程中测试沿 X、Y、Z 方向的移动和绕 TCP 的转动 A、B、C。

(2) 任务提示与要求

① 接通控制柜,等待启动阶段结束,将紧急停止按钮复位并确认。

② 确保设置了运行方式 T1。

③ 参照任务 3.4.3 操作方法,在基坐标选择中选择"外部工具号"（外部工具存储在基坐标中）,Ipo 模式选择为"外部工具",移动机器人,测试 X、Y、Z、A、B、C 六个方向。

 笔记

任务 3.5 标定机器人引导的活动工件

3.5.1 由工业机器人引导的活动工件概述

在学习固定工具的概述和创建后，我们对活动工件也有所了解，图 3-63 中的活动标牌即为安装在法兰上随机器人引导活动的工件。由于机器人引导的活动工件是以法兰坐标系为基准，它的 TCP 是随机器人法兰运动的，所以机器人引导的活动工件坐标系保存在工具坐标系里面。

3.5.2 由工业机器人引导的活动工件的测量方法

标定由工业
机器人引导
的活动工件

（1）测量原理

测量由工业机器人引导的活动工件，必须满足以下前提条件。

a. 工件已经安装在连接法兰上。

b. 参考固定工具已经测定。

c. 确定工件位置的点均在机器人可达范围内。

测量方法有直接法和间接法两种，如图 3-72 所示。

图 3-72 工件测量方法

① 直接法 如图 3-73 所示，先测量工件坐标系原点，再测量坐标轴方向，测量原理与基坐标 3 点法相同。

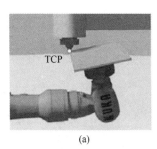 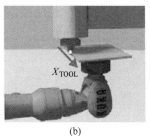 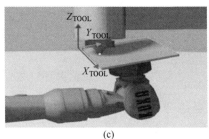

(a)   (b)   (c)

图 3-73 直接法测量工件

② 间接法 如图 3-74 所示，机器人控制系统在已知工件 4 个点的基础上计算工件，可以不必移至工件原点。

（2）引导的活动工件测量方法

a. 菜单路径：机器人按键＞"投入运行"＞"测量"＞"固定工具"＞"工件"＞"直接测量"，如图 3-75 所示。

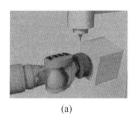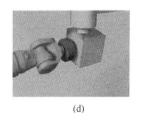

| (a) | (b) | (c) | (d) |

图 3-74　间接法测量工件

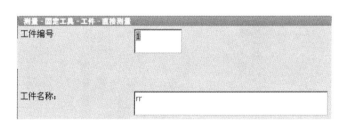

图 3-75　直接测量示例

b. 为工件给定一个"工件编号"和一个"工件名称"，点击"继续"按钮确认，如图 3-76 所示。

c. 选择作为参考 TCP 的"固定工具编号"，点击"继续"按钮，如图 3-77 所示。

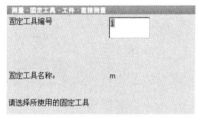

图 3-76　输入工件编号和工件名称　　　图 3-77　参考固定工具编号

d. 将工件坐标系统的原点移至固定工具的 TCP，按下"测量"按钮，并用"是"确认位置，如图 3-78 所示。

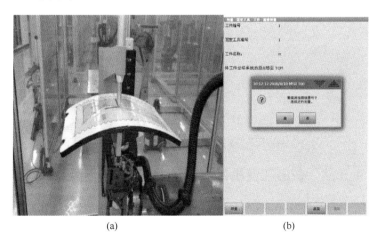

| (a) | (b) |

图 3-78　将工件坐标系统的原点移至固定工具的 TCP

笔 记

e. 将在工件坐标系统的正向 X 轴上的一点移至固定工具的 TCP，按下"测量"按钮，并用"是"确认位置，如图 3-79 所示。

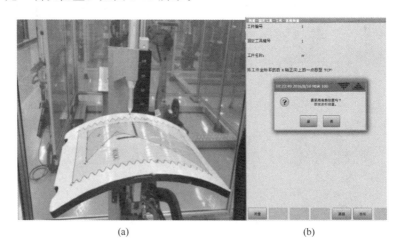

(a)　　　　　　　　　(b)

图 3-79　将在工件坐标系统的正向 X 轴上的一点移至固定工具的 TCP

f. 将一个位于工件坐标系统的 XY 平面上、且 Y 值为正的点移至固定工具的 TCP，按下"测量"按钮，并用"是"确认位置，如图 3-80 所示。

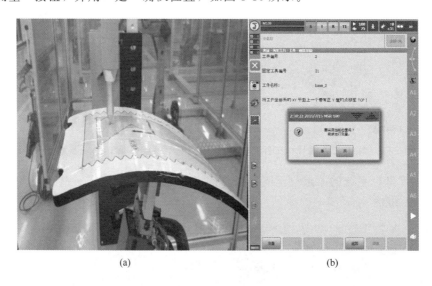

(a)　　　　　　　　　(b)

图 3-80　将一个位于工件坐标系统的 XY 平面上、且 Y 值为正的点移至固定工具的 TCP

g. 输入工件负载数据，然后按下"继续"按钮确认。

h. 按下"保存"按钮。

3.5.3　在由工业机器人引导的活动工件坐标系下移动机器人

在由工业机器人引导的活动工件坐标系下移动机器人

有些生产和加工过程中，有些工件是夹装在机器人法兰上，由工业机器人引导活动。在活动工件坐标系下移动机器人，方便了对工件的移动，同时不需要取下工件，节约了时间，提高了生产效率。在由工业机器人引导的活动工件坐标系下移动机器人有以下注意事项。

① 活动工件坐标系是一个运动的坐标系，数据可以如同工具坐标系一样进行管理，并可以作为工具坐标系储存。

② 在用活动工件坐标系手动移动时，运动均相对外部 TCP，实际运动方向与坐标系移动键方向全部相反。

在活动工件坐标系下移动机器人的操作步骤详见表 3-10。

表 3-10 在活动工件坐标系下移动机器人的操作步骤

操作步骤	图 例
第一步：在"工具选择"中选择待移动的活动工件的工具号（活动工件存储在工具坐标中），Ipo 模式选择为"外部工具"	
第二步：移动键所使用的坐标系选择为工具坐标系	
第三步：设定好手动倍率	
第四步：将确认键①按至中间挡位（1、2 或 3）并按住	
第五步：用移动键或 6D 鼠标来移动机器人（注意：此时所有运动均相对于外部 TCP，而不是由机器人导引的工具）	

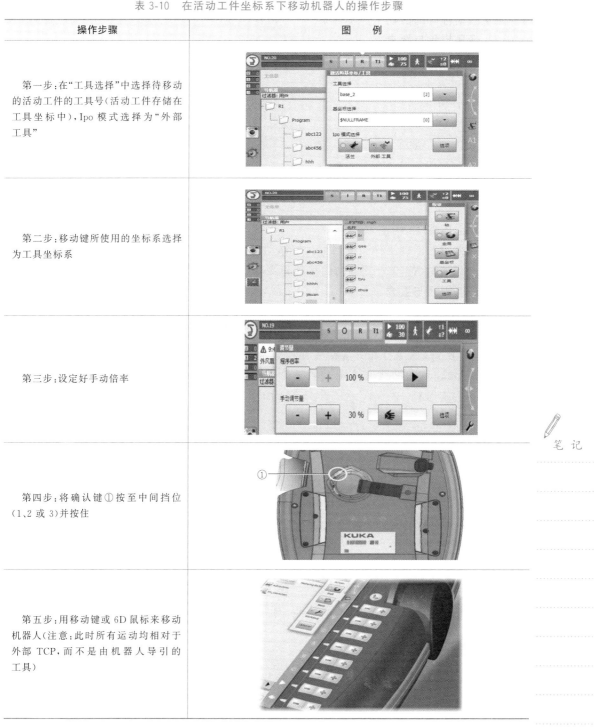

笔 记

 任务练习

任务练习1: 测量活动标牌的活动工件坐标系

（1）任务内容

测量活动标牌的活动工件坐标系。

（2）任务提示与要求

① 接通控制柜，等待启动阶段结束，将紧急停止按钮复位并确认。

② 确保设置了运行方式 T1。

③ 参照任务 3.5.2 操作方法，使用直接测量法测量活动工件坐标系。

a. 参考固定工具　编号：＿＿＿＿＿，名称：＿＿＿＿＿＿＿＿＿＿＿＿。

b. 活动工件　编号：＿＿＿＿＿，名称：＿＿＿＿＿＿＿＿＿＿＿＿。

c. 每次测量时都注意保存好数据。

任务练习2: 调用创建的活动工件坐标系移动机器人

（1）任务内容

在已经创建的活动工件坐标系下，用移动键以适当的手动倍率（HOV）移动机器人。在此过程中测试沿 X、Y、Z 方向的移动和绕 TCP 的转动 A、B、C。

（2）任务提示与要求

① 接通控制柜，等待启动阶段结束，将紧急停止按钮复位并确认。

② 确保设置了运行方式 T1。

③ 参照任务 3.5.3 操作方法，在工具坐标选择中选择"活动工件号"（活动工件存储在工具坐标中），移动键选项选择为"工具坐标系"，Ipo 模式选择为"外部工具"，移动机器人，测试 X、Y、Z、A、B、C 六个方向。

笔记

项目小结 <<<

　　本项目主要介绍了机器人的零点标定、工具坐标系、基坐标系和外部固定工具的测量及应用。零点标定是需要掌握的一个重要内容，虽然机器人在出厂前已经进行过零点标定，但是由于各种原因造成的碰撞会影响机器人的使用精度，这个时候就需要重新对机器人进行零点标定。工具坐标系测量是机器人在用工具加工工件前的一个必不可少的环节，工具坐标系测量主要就是确定工具坐标系的原点和坐标系方向，确定原点主要采用 XYZ 4 点法，确定坐标系方向主要采用 ABC 世界坐标系法。基坐标系的测量中 3 点法是最常用的方法。外部固定工具和活动工件的测量多用于如涂胶、焊接等领域，要掌握其正确的测量方法。

课后作业 <<<

一、选择题

1. 必须标定机器人的零点的理由是（　　　）。

A. 为了提高机器人的重复精度　　　　B. 为了能够进行与轴相关的手动移动

C. 为了设定机器人的绝对精度　　　　D. 为了以一个固定参考点为基准设定机器人的每根轴

2. 带负载校正中的首次调整应该用于（　　　）。

A. 机器人首次零点标定后偏量学习时

B. 机器人高负载下使用时

C. 机器人低负载下使用时

D. 用于机器人不带负载情况下，首次投入运行使用时

3. 完整的工具测定具有（　　　）优点。

A. 工具测定后，可进行沿工具作业方向的直线手动移动、绕机器人法兰的姿态改变和沿轨迹运动

B. 通过工具测量可避开奇异点

C. 工具测定后，可进行沿工具作业方向的直线手动移动、绕工具顶尖（TCP）的姿态改变和沿轨迹运动

D. 仅使用一个工具时，测定不具有任何优点

4. 测量基坐标系的方法是（　　　）。

A. 3 点法（原点、X 轴正向上一点、XY 平面上 Y 值为正的一点）

B. 3 点法（原点、X 轴负向上一点、XY 平面上 Y 值为正的一点）

C. 3 点法（原点、X 轴正向上一点、XY 平面上 Y 值为负的一点）

D. 3 点法（原点、X 轴负向上一点、XY 平面上 Y 值为负的一点）

5. 编号为 23 的工具坐标系的数据保存在（　　　）。

A. $TOOL_DATA [23]　　　　B. 没有编号为 23 的工具坐标

C. 没有编号为 23 的基坐标　　　　D. $BASE_DATA [23]

6. 编号为 19 的基坐标系的数据保存在（　　　）。

A. $TOOL_DATA [19]　　　　B. 没有编号为 19 的基坐标

C. 没有编号为 19 的工具坐标　　　　D. $BASE_DATA [19]

7. 编号为 17 的外部固定工具的数据保存在（　　　）。

A. $TOOL_DATA [17]　　　　B. 没有编号为 17 的基坐标

C. 没有编号为 17 的工具坐标　　　　D. $BASE_DATA [17]

8. 活动工件的数据保存在（　　　）。

A. 法兰坐标系　　　　B. 基坐标系

C. 世界坐标系　　　　D. 工具坐标系

二、填空题

1. 零点标定可以通过技术辅助工具_____来为任何一根轴在机械零点位置指定一个基准值。

2. KR16 机器人 $A1 \sim A6$ 轴的零点位置的角度值依次为 _____、_____、_____、_____、_____、_____。

3. 机器人零点标定方式有两种，分别为_____和_____。

4. 工具坐标系确定 TCP 的方法有两种，分别为_____和_____。

5. 基坐标系测量方法有_____、_____和直接输入法。

6. 工具负载数据是指装在机器人_____上的负载。

7. 外部固定工具存储于_____。

8. KUKA 机器人最多可以管理_____个工具坐标系，_____个基坐标系。

三、判断题

1. 没有经过零点校正的机器人可以在笛卡尔坐标系下移动。（　　　）

笔　记

2. 在任何情况下都可以执行零点标定。（　　　）

3. 外部固定工具作为基坐标系来存储。（　　　）

4. 在固定工具坐标下手动移动机器人时，机器人运动方向与固定工具移动方向相反。（　　　）

四、简答题

1. 简述首次零点标定的步骤。

2. 什么是 TCP 点？

3. 简述工具坐标系测量的优点。

笔 记

项目 ④

工业机器人示教编程

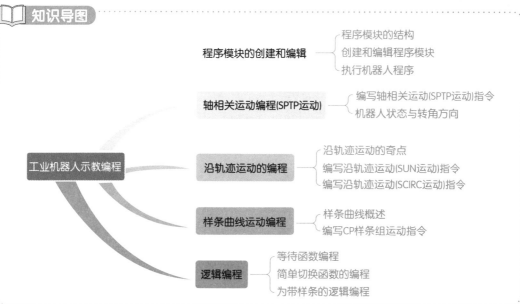

项目导入

本项目主要介绍机器人程序模块的使用方法，并在程序模块中进行基本指令的示教编程，让学习者通过本项目的学习，了解机器人基本编程。

学习目标

❶ 知识目标
- ➤ 掌握机器人文件使用方法和技巧
- ➤ 掌握程序模块的创建、编辑方法
- ➤ 了解机器人轴相关、轨迹相关以及复杂轨迹等运动方式
- ➤ 掌握示教程序编写的方法以及相关参数设置方法
- ➤ 掌握机器人程序中相关逻辑函数编写方法

❷ 技能目标
- ➤ 能够执行初始化运行
- ➤ 能够选定并启动机器人程序
- ➤ 能够创建和编辑程序模块
- ➤ 能够编写机器人轴相关、轨迹相关以及复杂轨迹等运动的示教程序
- ➤ 能够编写机器人程序中相关逻辑函数

任务 4.1　程序模块的创建和编辑

4.1.1　程序模块的结构

（1）导航器中的程序模块

如图 4-1 所示，程序模块应始终保存在文件夹"Program"（程序）中，也可建立新的文件夹并将程序模块存放在那里。模块用字母"M"标识，一个模块中可以加入注释，此类注释中含有程序的简短功能说明，各模块的说明详见表 4-1。

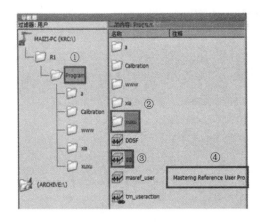

图 4-1　导航器中的程序模块

表 4-1　导航器中的程序模块说明

序号	说　　明
①	程序的主文件夹："Program"（程序）
②	其他程序的子文件夹
③	程序模块/模块
④	程序模块的注释

（2）程序模块的属性

如图 4-2 所示，程序模块由源代码文件（SRC）和数据列表（DAT）构成，说明详见表 4-2。

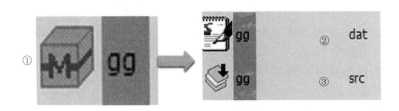

图 4-2　用户和专家视图中的程序模块

表4-2　用户和专家视图中的程序模块说明

序号	说　　明
①	用户界面中的模块视图,该视图只有用户级可见
②	源文件视图,该视图仅在专家级中可见
③	DAT文件视图,该视图仅在专家级中可见

4.1.2　创建和编辑程序模块

(1) 创建程序文件夹

a. 如图4-3所示,在目录中选定要在其中创建新文件夹的路径,例如文件夹"Program"①。

b. 点击"新"按钮②。

c. 如图4-4所示,在窗口中输入文件夹名称,然后按"OK"键确认。

创建和编辑
程序模块

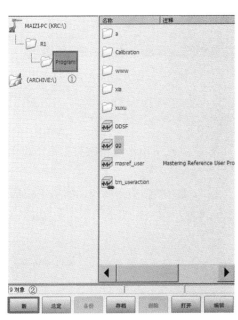

图4-3　创建文件夹步骤

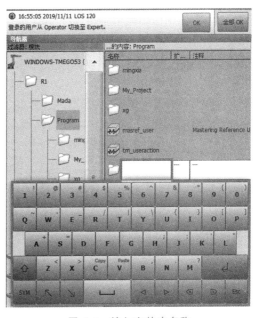

图4-4　输入文件夹名称

(2) 创建程序模块

在创建好文件夹后,可在文件夹中创建相应的程序模块。

a. 在导航器目录结构中单击①,选择建立程序模块的文件夹,在打开目标文件夹后,需要点击一下空白处②,否则建立出来的还是文件夹,点击"新"按钮③,如图4-5所示。

b. 在专家用户组下新建程序,会弹出选择程序模板的窗口;在普通用户组下新建程序,不会弹出选择程序模板的窗口,选定Module模块,并用"OK"键确认。

c. 输入程序名称,并点击"OK"键确认,完成程序模块的建立。

(3) 编辑程序模块

编辑方式与常见的文件系统类似,也可以在KUKA smartPad导航器中编辑程序模块。

笔记

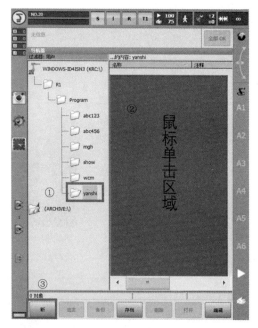

图 4-5　创建程序模块界面

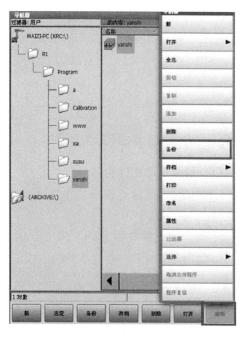

图 4-6　备份程序模块示例

编辑方式包括备份、删除、改名。

① 备份程序模块

a. 在文件夹结构中选中文件所在的文件夹，在文件列表中单击选中文件。

b. 单击"编辑"＞"备份"。

c. 重新生成一个模块，并将此模块重新命名，点击"OK"按钮应用模块，如图 4-6 所示。

注意

在用户组"专家"和筛选设置"详细信息"中，每个模块各有两个文件映射在导航器中（SRC 和 DAT 文件），必须分别备份这两个文件；在用户组"普通"权限下备份，文件自动将 SRC 和 DAT 两个文件备份。

② 删除程序

a. 在文件夹结构中选中文件所在的文件夹。

b. 在文件列表中选中要删除的程序。

c. 单击"编辑"＞"删除"或者点击下方的"删除"按钮。

d. 用"是"确认，模块即被删除。

注意

在用户组"专家"和筛选设置"详细信息"中，每个模块各有两个文件映射在导航器中（SRC 和 DAT 文件），必须删除这两个文件。已删除的文件无法恢复。

③ 模块的改名

a. 在文件夹结构中选中所在的文件夹，点击打开。

b. 在文件列表中选中文件，如图 4-7 所示。

笔记

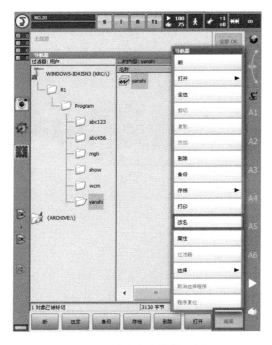

图 4-7 改名程序模块示例

c. 单击"编辑">"改名"。

d. 输入新的模块名称,然后点击"OK"键。

注意

在用户组"专家"和筛选设置"详细信息"中,每个模块各有两个文件映射在导航器中(SRC 和 DAT 文件),必须给这两个文件改名。

4.1.3 执行机器人程序

(1) BCO 概述

要执行机器人的程序,在执行之前必须使当前机器人位置与程序中第一个位置重合,也就是执行初始化。KUKA 机器人的初始化运行称为BCO 运行。BCO 是 Block Coincidence(即程序段重合)的缩写,如图 4-8 所示,①即为 BCO 运行。

BCO 运行的原因:只有在当前机器人位置与编程设定的位置相同时才可进行轨迹规划,为了使当前的机器人位置与机器人程序中的当前点位置保持一致,必须执行 BCO 运行,因此,首先必须将 TCP 置于

执行机器人程序

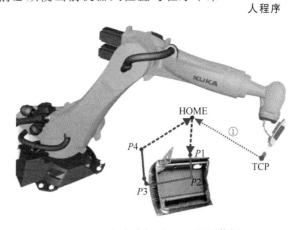

图 4-8 程序选择时 BCO 运行范例

笔 记

轨迹上。在以下情况发生时，必须执行 BCO。

① 在选择或者复位程序后 BCO 运行至 HOME 位置。

② 更改了运动指令后执行 BCO 运行：删除、示教了点后。

③ 进行了语句行选择后执行 BCO 运动，如图 4-9 所示。

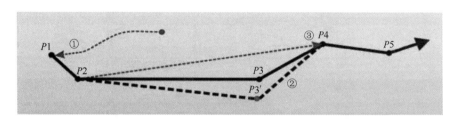

图 4-9　执行 BCO 运动

✋ **注意**

• 机器人在执行 BCO 程序时，将直接从当前位置移至初始位置（HOME 位置），轨迹不可预见，注意碰撞危险。

（2）选择和执行机器人程序

① 程序运行方式和程序执行状态　在执行机器人程序前，首先要了解机器人运行方式，机器人程序运行方式有三种，详见表 4-3。

表 4-3　机器人程序运行方式

序号	图标	运行方式	运行特点
1		连续	①程序连续运行，直至程序结尾 ②在测试运行时必须按住启动键
2		单步运动	①在运动步进运行方式下，每个运动指令都单个执行 ②每一个运动结束后，都必须重新按下启动键
3		单个步骤	①仅供用户组"专家"使用 ②在增量步进时，逐行执行（与行中的内容无关） ③每行执行后，都必须重新按下启动键

笔记

在程序执行时有三种状态，分别以不同的颜色表示，相关说明详见表 4-4。

表 4-4　机器人程序运行状态说明

序号	图标	颜色	状态说明
1	**R**	灰色	程序未被"选定"
2	**R**	黄色	语句指针位于所选程序的第一行

续表

序号	图标	颜色	状态说明
3	R	绿色	已经选择程序,而且程序正在运行,未到达程序的末端
4	R	红色	选定并启动的程序被暂停
5	R	黑色	语句指针位于所选程序的末端

②　程序执行操作步骤　程序运行模式有 T1、T2、AUTO、AUT EXT 四种运行模式，现以 T1 模式为例，操作步骤如下。

a. 将运行模式调节为 T1，选中即将运行的程序模块②，然后点击"选定"按钮③，设定程序倍率 POV④，在选择程序后，首先要设置程序运行倍率 POV，如图 4-10 所示。

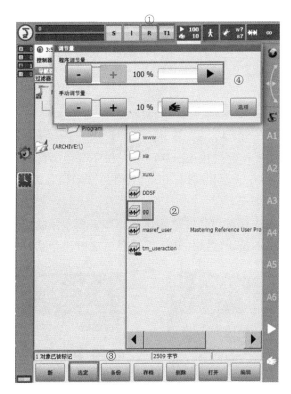

图 4-10　程序执行操作步骤

b. 按下确认键，使其处于中挡位置，使能开关接通，如图 4-11 所示。

c. 按下正向启动键并按住，机器人执行初始化，"INI"行得到处理，执行 BCO 运行，到达目标位置后运动停止，将显示提示信息"已达 BCO"，如图 4-12 所示。

笔　记

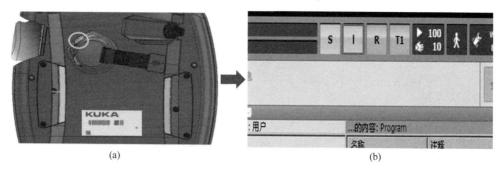

(a) (b)

图 4-11 按下确认键

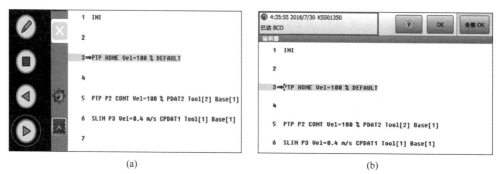

(a) (b)

图 4-12 按下启动键

👆 **注意**

机器人启动键有两个方向：正向和反向，正向代表程序向前运行，反向代表程序向后运行，反向运行的前提是该程序必须已经正向运行过。

d. 程序执行完 BCO 后，再按住正向启动键，程序继续执行。

③ 程序执行相关说明　注意在 T1、T2、AUTO、AUT EXT 四种运行模式下，程序执行流程有所区别，说明如下。

a. T1、T2 模式下，通过按启动键继续执行程序，松手不执行。

b. AUT 模式下使能不是通过按住确认键，而是通过激活启动装置，如图 4-13 所示，

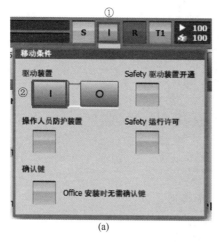
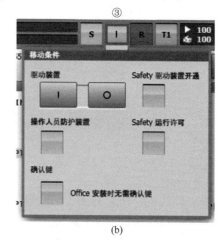

(a) (b)

图 4-13 激活启动装置

首先点击①激活驱动装置，接着点击②使驱动装置开通，此时驱动装置状态显示为接通状态③。然后按住程序正向启动到达 BCO 后，再点击启动键后松手，程序自动执行。

c. AUT EXT　在 Cell 程序中将运行方式转调为 EXT 并由外部信号传送运行指令，程序自动执行。

 **任务练习**（执行程序）

(1) 任务内容

① 如图 4-14 所示，在 Program 文件夹下找到并选中模块程序"AIR"。

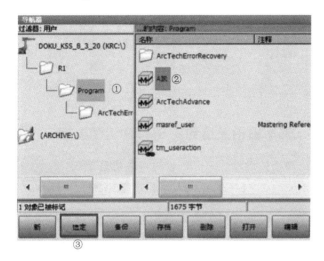

图 4-14　选定程序

② 在不同的运行方式下按给出的程序倍率测试运行程序。

a. T1 以 50%、100%；

b. T2 以 30%、50%、75%、100%；

c. AUT 以 50%。

③ 在程序运行方式 Go 和单步运动下测试程序。

(2) 任务提示与要求

① 接通控制柜，等待启动阶段结束，将紧急停止按钮复位并确认。

② 确保设置了正确的运行方式和程序倍率。

③ 参照任务 4.1.3 中操作方法，在正确的运行模式下，选定并运行程序。

任务 4.2　轴相关运动编程（SPTP 运动）

　　轴相关的运动即是点到点运动（Point-To-Point，SPTP），轴相关运动指令是在对路径精度要求不高的情况下，机器人的 TCP 从一个位置沿最快速的轨迹运动到另一个位置，两个位置之间的路径不可预知，不一定是一条直线，如图 4-15 所示。

　　轴相关运动指令适合机器人大范围运动时使用，其在运动过程中姿态优化较好，不易出现因某关节轴运动过大而导致停机的现象。轴相关运动多用于机器人有针对性的接近点，例如点焊和铆接、运输、测量、检验等；也可以借助在空间中有针对性地定位的中间点优化至轨迹运动或轨迹运动之间的机器人运行，例如在机器人运行过程中遇到障碍物，为了避开障碍物设置的安全过渡点。

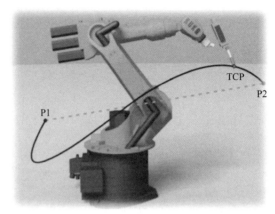

图 4-15　轴相关运动（SPTP 运动）

编写轴相关
运动指令

4.2.1　编写轴相关运动（SPTP 运动）指令

（1）轴相关运动（SPTP 运动）联机表单

轴相关运动（SPTP 运动）联机表单如图 4-16 所示，参数解析详见表 4-5。

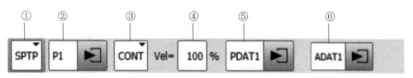

图 4-16　SPTP 运动联机表单

表 4-5　SPTP 运动联机表单参数解析

序号	参数	说　明
①	SPTP	运动方式
②	P1	目标点的名称，系统自动赋予一个名称，名称可以被改写；需要编辑点数据时请触摸箭头，相关选项窗口即自动打开
③	CONT	CONT：目标点被轨迹逼近；[空]：将精确地移至目标点
④	Vel	速度：1%，…，100%
⑤	PDAT1	运动数据组名称，系统自动赋予一个名称，名称可以被改写；需要编辑点数据时请触摸箭头，相关选项窗口即自动打开
⑥	ADAT1	逻辑参数数据组名称，系统自动赋予一个名称，名称可以被改写；通过切换参数可显示和隐藏该栏目。需要编辑数据时请触摸箭头，相关选项窗口即自动打开

（2）轴相关运动的轨迹逼近

在示教编程过程中难免会设置一些并不需要精确到达的点，只是工艺要求（见图 4-17 中 P2 点），这时可将其指令行添加轨迹逼近，经过这些点之间时不再需精确到达，也不需要制动和加速，这样可以让运动系统受到的磨损减少，同时优化节拍时间（见图 4-18），使程序可以更快地运行。

为了能够执行轨迹逼近运动，控制器必须能够预读取下行运动指令，通过计算机预进读入，事先能规划轨迹但不可预见。轨迹逼近距离的单位为%或 mm。

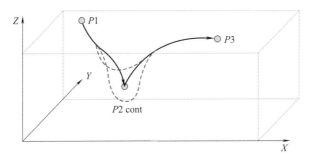

图 4-17 轴相关运动轨迹逼近

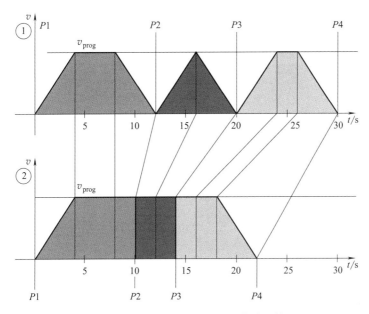

图 4-18 精确暂停与轨迹逼近节拍比较

（3）轴相关运动（SPTP 运动）编程操作步骤

a. 设置运行方式 T1，选定机器人程序，如图 4-19 所示。

b. 如图 4-20 所示，依次将两个 HOME 点进行更改，将光标置于即将更改的那一行即位置①，点击"更改"按钮②，点击下拉窗口，运动方式选择为"SPTP"③，接着修改目标点参数④，选择工具坐标⑤和基坐标⑥，设置好正确的速度⑦，点击"指令OK"按钮⑧完成修改。

c. 将 TCP 移向应被设为目标点的位置，调整好机器人姿态，如图 4-21 所示。

d. 将光标置于其后应添加运动指令的那一行，菜单序列选择"指令＞运动＞SPTP"，联机表单在光标所在行的下一行弹出，如图 4-22 所示。

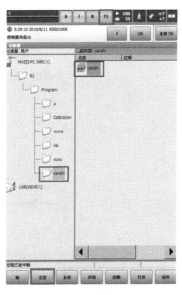

图 4-19 设置运行方式并选定程序

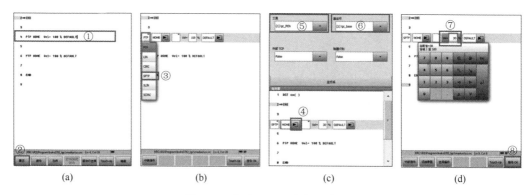

| (a) | (b) | (c) | (d) |

图 4-20　修改 HOME 点参数步骤

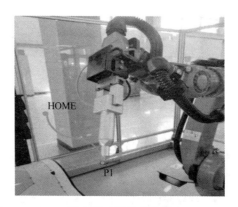

图 4-21　目标点位置

```
4   SPTP HOME Vel=20 % DEFAULT Tool[1]:tool_1
 ↳ Base[32]:base_32
```

```
6
```

```
7   SPTP HOME Vel=20 % DEFAULT Tool[1]:tool_1
 ↳ Base[32]:base_32
```

图 4-22　SPTP 联机表单

e. 参照步骤 b 在目标点 P1 指令行中进行相关参数设置，如图 4-2 所示。

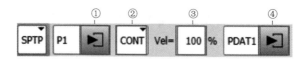

图 4-23　目标点参数设置

ⓐ 展开图 4-23 中目标点参数选项窗口①，在坐标系窗口中选择正确的工具、基坐标系、关于插补模式的数据（外部 TCP：开/关）和碰撞监控的数据，如图 4-24 所示，窗口解析详见表 4-6。

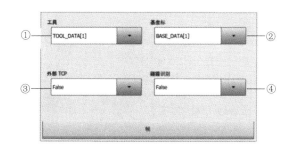

图 4-24　目标点参数选项窗口

表 4-6　目标点参数选项窗口解析

序号	参数	说　明
①	工具	如果外部 TCP 栏中显示 True;选择工件;值域:[1] … [16]
②	基坐标	如果外部 TCP 栏中显示 True;选择固定工具;值域:[1] … [32]
③	外部 TCP	False:该工具已安装在连接法兰处; True:该工具为一个固定工具
④	碰撞识别	True:机器人控制系统为此运动计算轴的扭矩,此值用于碰撞识别; False:机器人控制系统为此运动不计算轴的扭矩,因此对此运动无法进行碰撞识别

ⓑ 展开图 4-23 中轨迹逼近选项窗口②，选择是否轨迹逼近，详细说明见表 4-7。

表 4-7　CONT 选项说明

图标	说　明
p1 ▶ CONT	CONT:目标点被轨迹逼近
p1 ▶	[空]:将精确地移至目标点

ⓒ 在图 4-23 中设置合适的轴速度③，设置范围 1%，…，100%。

ⓓ 展开图 4-23 中移动参数选项窗口④，可将加速度从最大值降下来。如果已经激活轨迹逼近，则可更改轨迹逼近距离。根据配置的不同，该距离的单位可以设置为 mm 或 %，如图 4-25 所示，窗口解析详见表 4-8。

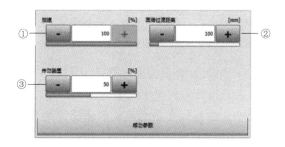

图 4-25　移动参数选项窗口

表 4-8　移动参数选项窗口解析

序号	参数	说　明
①	加速	轴加速度,数值以机床数据中给出的最大值为基准,值域:1%,…,100%
②	圆滑过渡距离	只有在指令行中选择了 CONT 之后,才显示此栏; 目标点之前的距离,最早在此处开始轨迹逼近; 过渡距离最大可为起始点至目标点距离的一半,如果在此处输入了一个更大数值,则此值将被忽略而采用最大值
③	传动 装置	传动装置加速度变化率,是指加速度的变化量,数值以机床数据中给出的最大值为基准,值域:1%,…,100%

f. 用"指令 OK"或"Touch-Up"保存指令,TCP 的当前位置被作为目标示教。

注意

"指令 OK"和"Touch-Up"用法不同。

• "指令 OK"用于新创建目标点 P1 的示教,当点击"指令 OK"按钮时,点 P1 自动建立。

• "Touch-Up"用于对已经创建的目标点的重新示教。例如,将光标置于 P1 点所在行,点击"更改"按钮,重新移动目标点 P1 的位置后,如图 4-26 所示,点击"Touch-Up"按钮①,在确定接受点"P1"选项中选择"是"②,新的位置会应用于 P1,选择"否",原来 P1 的位置不改变。

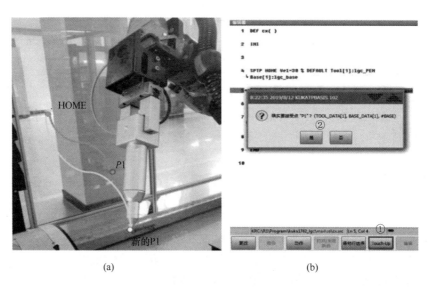

(a)　　　　　　　　　　　　　　(b)

图 4-26　"Touch-Up"用法

4.2.2　机器人状态与转角方向

机器人 TCP 在同一笛卡尔位置,有不同的轴位表达方式。为确定同一笛卡尔位置下唯一的轴位,引入了机器人状态与转角的概念来表达相应状态,如表 4-9 所示。程序中的第一个运动必须为 SPTP 运动,因为只有在此运动中才能评估机器人的状态和转角方向,在沿轨迹相关运动中机器人的状态与转角会被忽略,因此程序执行的第一条指令必须是 SPTP,才能实现 BCO 运行。

表 4-9 机器人的位置、状态以及转角

机器人位置	状态	转角	机器人位置	状态	转角
	1	46°		6	59°
	2	43°		4	63°

**任务练习**（空运转程序模块的创建、编程、运行）

(1) 任务内容

① 在自己创建的文件夹下，新建名称为"run"的模块程序。

② 在该模块内创建一组有五个不同点位置的 SPTP 语句，要求前三个目标点轨迹逼近，最后两个点不轨迹逼近。

③ 请在运行方式 T1 下以不同的程序速度（POV）测试程序。

④ 请在运行方式 T2 下以不同的程序速度（POV）测试程序。

⑤ 请在自动运行模式下测试程序。

(2) 任务提示与要求

① 接通控制柜，等待启动阶段结束，将紧急停止按钮复位并确认。

② 确保设置了运行方式 T1。

③ 参照任务 4.2.1 中操作方法，对五个目标点进行编程示教。

④ 整个程序运行过程不能发生碰撞。

笔 记

任务 4.3 沿轨迹运动编程

沿轨迹运动指令是在对路径精度较高的情况下，机器人的 TCP 从一个位置始终保持相应轨迹（直线、圆弧）到另一个位置，两个位置之间的路径可预知。沿轨迹运动指令适合机器人路径精度较高时使用，其在运动过程中姿态变化较小，易出现因某关节轴运动过大而导致停机的现象，沿轨迹运动编程有两种运行方式：直线和圆周运动，详见表 4-10。

表 4-10　沿轨迹运动编程运行方式

运行方式	含　义	应用示例
SLIN（*P1* 至 *P2*）	Linear：直线 工具的 TCP 按设定的姿态从起点匀速直线移动到目标点；速度和姿态均以 TCP 为参照点	轨迹应用：轨迹焊接、贴装、激光焊接、切割
SCIRC（*P1*、*P2*、*P3*）	Circular：圆弧 圆弧轨迹运动是通过起点、辅助点和目标点，工具 TCP 按设定的姿态从起点匀速移动到目标点；速度和姿态均以工具的 TCP（工具坐标系）为基准	轨迹应用与 SLIN 相同；适用于圆周、半径、圆弧等

4.3.1　沿轨迹运动的奇点

对于机器人运动系统有一些会导致所谓奇异性的空间点，即在给定状态和步骤顺序的情况下，也无法通过逆向变换（将笛卡尔坐标转换成极坐标值）得出唯一数值的空间点，这些空间点被称为机器人奇点；奇点不是机械特性，而是数学算法特性，因此奇点只存在于轨迹运动范围内，而不存在于轴相关运动内。当机器人在奇点位置附近时，即便较小的笛卡尔坐标变化也会导致非常大的轴角度变化，这将极大影响机器人工作效率，所以在示教编程过程中应尽量避开奇点。KUKA 机器人具有 3 个不同的奇点位置，详见表 4-11。

表 4-11　沿轨迹运动机器人的奇点介绍

序号	奇点名称	奇点位置	图例	形成原因
1	过顶奇点 α_1	腕点（即 A5 轴的中点）垂直于机器人的 A1 轴		A1 轴的位置不能通过逆向运算明确确定，因此可以赋以任意值
2	延展位置奇点 α_2	腕点（即 A5 轴的中点）垂直于机器人的 A2 和 A3 轴		通过逆向运算将得出唯一的轴角度，但较小的笛卡尔速度变化将导致 A2 和 A3 轴较大轴速变化
3	手轴奇点 α_5	A4 和 A6 轴彼此平行，并且 A5 轴处于 $\pm0.01812°$ 范围内		A4 和 A6 轴的位置可以有任意多的可能性，但其轴角度总和均相同，通过逆向变换无法明确确定两轴的位置

4.3.2　编写沿轨迹运动（SLIN 运动）指令

编写沿轨迹运动
（SLIN 运动）指令

（1）沿轨迹运动（SLIN 运动）联机表单

SLIN 联机表单如图 4-27 所示，参数解析详见表 4-12。

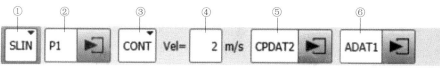

图 4-27　SLIN 运动联机表单

表 4-12　SLIN 运动联机表单参数解析

序号	参数	说　明
①	SLIN	运动方式
②	P1	目标点的名称，系统自动赋予一个名称，名称可以被改写；需要编辑点数据时请触摸箭头，相关选项窗口即自动打开
③	CONT	CONT：目标点被轨迹逼近；[空]：将精确地移至目标点
④	Vel	速度：0.001m/s，…，2m/s
⑤	PDAT1	运动数据组名称，系统自动赋予一个名称，名称可以被改写；需要编辑点数据时请触摸箭头，相关选项窗口即自动打开
⑥	ADAT1	逻辑参数数据组名称，系统自动赋予一个名称，名称可以被改写。通过切换参数可显示和隐藏该栏目。需要编辑数据时请触摸箭头，相关选项窗口即自动打开

（2）沿轨迹运动（SLIN 运动）编程操作步骤

a. 设置运行方式 T1。

b. "选定"机器人程序 。

c. 参照任务 4.2.1 中图 4-20 操作方法修改
HOME 点参数。

d. 将 TCP 移向应被设为目标点的位置，调整
好机器人姿态，如图 4-28 所示。

e. 将光标置于其后应添加运动指令的那一行。
菜单序列选择"指令＞运动＞SLIN"，联机表单在
光标所在行的下一行弹出，如图 4-29 所示。

f. 在目标点 P1 指令行中进行相关参数设置。

图 4-28　目标点位置

```
4    SPTP HOME Vel=100 % DEFAULT Tool[1] Base[0]
```

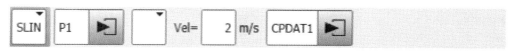

```
6    SPTP HOME Vel=100 % DEFAULT Tool[1] Base[0]
```

图 4-29　SLIN 联机表单

ⓐ 展开图 4-30 中目标点参数选项窗口①，在坐标系窗口中选择正确的工具、基坐标
系、关于插补模式的数据（外部 TCP：开/关）和碰撞监控的数据如图 4-24 所示，窗口解
析详见表 4-6。

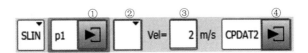

图 4-30　目标点参数

ⓑ 展开图 4-30 中轨迹逼近选项窗口②，选择是否轨迹逼近，详细说明如表 4-7 所示。

ⓒ 在图 4-30 中设置合适的轨迹速度③，设置范围为：0.001m/s，…，2m/s。

ⓓ 展开图 4-30 中移动参数窗口④，可将加速度从最大值降下来。如果已经激活轨迹逼近，则也更改轨迹逼近距离。根据配置的不同，该距离的单位可以设置为 mm 或%，如图 4-31 所示，窗口解析详见表 4-13。其中方向引导的参数说明详见表 4-14。

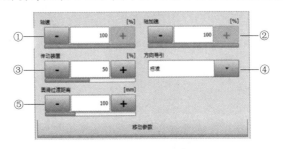

图 4-31　移动参数选项窗口

表 4-13　移动参数选项窗口解析

序号	参数	说　明
①	轴速	数值以机床数据中给出的最大值为基准,值域:1%,…,100%
②	轴加速度	数值以机床数据中给出的最大值为基准,值域:1%,…,100%
③	传动装置	传动装置加速度变化率,是指加速度的变化量,数值以机床数据中给出的最大值为基准,值域:1%,…,100%
④	方向引导	选择姿态引导,可分为:标准、手动 PTP、恒定的方向引导
⑤	圆滑过渡距离	只有在联机表单中选择了 CONT 之后,此栏才显示;目标点之前的距离,最早在此处开始轨迹逼近;此距离最大可为起始点至目标点距离的一半;如果在此处输入了一个更大数值,则此值将被忽略而采用最大值

表 4-14　沿轨迹运动（SLIN 运动）姿态引导说明

姿态	图　解	说　明
标准 手动(手腕)PTP		工具姿态在起点和终点示教姿态保持一致,运动过程中姿态不断变化;手动(手腕)更加优化奇点位置算法
恒定		工具姿态保持起点示教姿态,并在运动期间保持不变;终点示教姿态被忽略

g. 用"指令 OK"保存指令，TCP 的当前位置被作为目标示教。

4.3.3　编写沿轨迹运动（SCIRC 运动）指令

SCIRC 运动时，圆弧轨迹通过起点、辅助点以及目标点进行描述。工
具或工件的参考点沿着圆弧到目标点，前一个运动指令的目标点可作为
SCIRC 运动的起点，如图 4-32 所示。

编写沿轨迹运动
（SCIRC 运动）指令

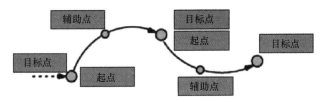

图 4-32　SCIRC 运动时的两段圆弧

（1）沿轨迹运动（SCIRC 运动）联机表单

沿轨迹运动（SCIRC 运动）联机表单如图 4-33 所示，联机表单解析见表 4-15。

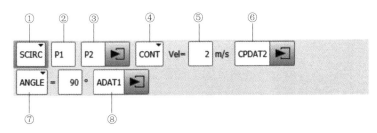

图 4-33　SCIRC 运动联机表单

表 4-15　SCIRC 运动联机表单解析

序号	参数	说　明
①	SCIRC	运动方式
②	P1	辅助点名称，系统自动赋予一个名称，名称可以被改写
③	P2	目标点的名称，系统自动赋予一个名称，名称可以被改写；需要编辑点数据时，请触摸箭头，相关选项窗口即自动打开
④	CONT	CONT：目标点被轨迹逼近；［空］：将精确地移至目标点
⑤	Vel	速度：$0.001\text{m/s},\cdots,2\text{m/s}$
⑥	CPDAT2	运动数据组名称，系统自动赋予一个名称，名称可以被改写；需要编辑点数据时，请触摸箭头，相关选项窗口即自动打开
⑦	ANGLE	圆心角：$-9\ 999°,\cdots,+9\ 999°$；如果输入的圆心角小于$-400°$或大于$+400°$，在保存联机表单时会自动询问是否要确认或取消输入
⑧	ADAT1	逻辑参数数据组名称，系统自动赋予一个名称，名称可以被改写；通过菜单"切换参数"可显示和隐藏该栏目；需要编辑数据时请触摸箭头，相关选项窗口即自动打开

（2）沿轨迹运动（SCIRC 运动）编程操作步骤

a. 设置运行方式 T1。

b. 选定机器人程序。

c. 参照任务 4.2.1 节中图 4-20 操作方法修改 HOME 点参数。

d. 将光标置于其后应添加运动指令的那一行。菜单序列选择"指令＞运动＞SCIRC"，

联机表单在光标所在行的下一行弹出，如图 4-34 所示。

图 4-34　SCIRC 联机表单

e. 在目标点 P1 指令行中进行相关参数设置。目标点参数设置如图 4-35 所示。

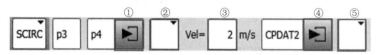

图 4-35　目标点参数设置

ⓐ 展开图 4-35 中目标点参数选项窗口①，在坐标系窗口中选择正确的工具、基坐标系、关于插补模式的数据（外部 TCP：开/关）和碰撞监控的数据。

ⓑ 展开图 4-35 中轨迹逼近选项窗口②，选择是否轨迹逼近。

 注意

轨迹逼近的是圆轨迹的目标点，而不是辅助点。

ⓒ 在图 4-35 中设置合适的轨迹速度③，设置范围为：0.001m/s，…，2m/s。

ⓓ 展开图 4-35 中移动参数选项窗口④，可将加速度和传动装置加速度变化率从最大值降下来。如果已经激活轨迹逼近，则可更改轨迹逼近距离。此外也可修改姿态引导和设置辅助点、目标点的特性（此特性仅专家用户组以上级别可用），选项窗口如图 4-36 所示，窗口解析详见表 4-16。

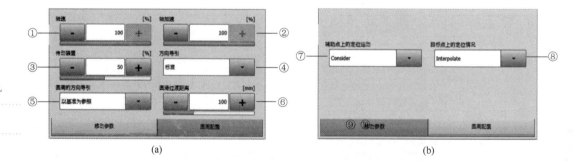

(a)　　　　　　　　　　　　　　(b)

图 4-36　移动参数选项窗口

表 4-16　移动参数选项窗口解析

序号	参数	说　　明
①	轴速	数值以机床数据中给出的最大值为基准，值域：1%，…，100%
②	轴加速度	数值以机床数据中给出的最大值为基准，值域：1%，…，100%
③	传动装置	传动装置加速度变化率，是指加速度的变化量，数值以机床数据中给出的最大值为基准，值域：1%，…，100%
④	方向引导	选择姿态引导，可分为：标准、手动 PTP、恒定的方向引导
⑤	圆周的方向引导	选择姿态导引的参照系，有以基准为参照、以轨迹为参照两种方式

续表

序号	参数	说　明
⑥	圆滑过渡距离	只有在联机表单中选择了 CONT 之后,此栏才显示;目标点之前的距离,最早在此处开始轨迹逼近;此距离最大可为起始点至目标点距离的一半。如果在此处输入了一个更大数值,则此值将被忽略而采用最大值
⑦	辅助点上的定位运动	选择辅助点上的姿态特性,详见沿轨迹运动(SCIRC 运动)姿态引导(表 4-19)
⑧	目标点上的定位运动	只有在联机表单中选择了 ANGLE 之后,目标点与实际运动终点不是同一点,此栏才显示;选择目标点上的姿态特性,详见沿轨迹运动(SCIRC 运动)姿态引导(表 4-19)

ⓔ 展开图 4-35 中⑤设置圆心角,详见表 4-17。

表 4-17　圆心角(ANGLE)说明

图标	说　明
ANGLE = 90°	ANGLE:轨迹移至实际圆心角位置,圆心角范围为 $-9999°$ ~ $+9999°$
[空]	[空]:将精确地移至目标点

f. 将 TCP 驶向应示教为辅助点的位置,通过单击"辅助点坐标",点击"是"接收当前位置,储存点数据,如图 4-37 所示。

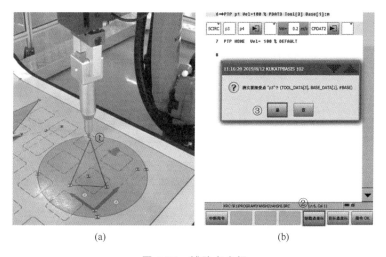

(a)　　　　　　　　　(b)

图 4-37　辅助点坐标

 注意

　　圆弧的起点是上一个运动的目标点,要想绘制出一个圆,圆的起点必须在这个圆的轨迹的起始位置,起点、辅助点、目标点共同构成了一个圆弧。

g. 将 TCP 移向应示教为目标点的位置,通过单击"目标点坐标",点击"是"接收当前位置,储存点数据,如图 4-38 所示。

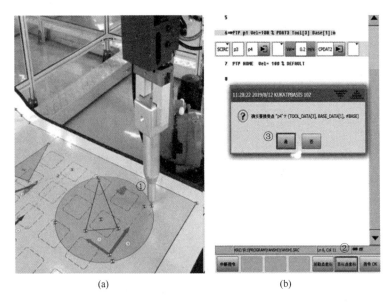

图 4-38 目标点坐标

h. 用"指令 OK"保存指令。

(3) 沿轨迹运动（SCIRC 运动）姿态引导

沿轨迹运动（SCIRC 运动）姿态引导说明详见表 4-18，标准/手动（手腕）PTP 说明详见表 4-19。

表 4-18 沿轨迹运动（SCIRC 运动）姿态引导说明

姿态		图　解	说　明
标准/手动（手腕）PTP	以基准为参照		工具姿态在起点、辅助点、目标点示教姿态保持一致，运动过程中姿态不断变化；手动（手腕）更加优化奇点位置算法
	以轨迹为参照		
恒定	以基准为参照		工具姿态保持起点示教姿态，并在运动期间保持不变；辅助点、目标点示教姿态被忽略
	以轨迹为参照		

笔记

表 4-19 标准/手动（手腕）PTP 说明

类型	Consider	Ignore	Interpolate	说明
辅助点	参考辅助点编程姿态	忽略辅助点编程姿态	严格执行辅助点编程姿态	实际姿态 ↓ 编程姿态 SP：起始点 AuxP：辅助点 TP：目标点 TP_CA：实际终点。通过圆心角得出。
目标点	Interpolate 实际目标点与编程目标点姿态不同；实际终点与编程目标点姿态相同	Extrapolate 实际目标点与编程目标点姿态相同；姿态呈递增规律变化,实际终点与编程目标点姿态完全不同		

任务练习

任务练习 1：三角形程序创建、示教编程、运行

（1）任务要求

① 在自己创建的文件夹下新建名为"triangle"的模块程序。

② 在培训站工作面上使用红色基坐标和尖触头工具示教三角形，如图 4-39 所示。

③请在 T1、T2 运行模式下以不同的程序速度（POV）测试程序。

④ 请在自动运行模式下测试程序。

（2）任务提示

① 接通控制柜，等待启动阶段结束，将紧急停止按钮复位并确认。

② 确保设置了运行方式 T1。

③ 参照任务 4.3.2 操作方法，对目标点进行示教编程。

a. 工具编号：_____，名称：_____。

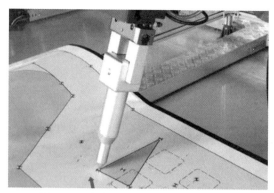

图 4-39　在培训站工作面上示教三角形

b. 基坐标编号：_____，名称：_____。

c. 工作台上的移动速度为 0.3m/s。

④ 整个程序运行过程不得发生碰撞。

任务练习 2：圆形程序模块的创建、示教编程、运行

图 4-40　在培训站工作面上示教圆形

（1）任务要求

① 在自己创建的文件夹下新建名称为 "circle" 的模块程序。

② 在培训站工作面上使用红色基坐标和尖触头工具示教圆形，如图 4-40 所示。

③ 请在 T1、T2 运行模式下以不同的程序速度（POV）测试程序。

④ 请在自动运行模式下测试程序。

（2）任务提示

① 接通控制柜，等待启动阶段结束，将紧急停止按钮复位并确认。

② 确保设置了运行方式 T1。

③ 参照任务 4.3.3 操作方法，对目标点进行编程示教。

a. 工具编号：_____，名称：_____。

b. 基坐标编号：_____，名称：_____。

④ 整个程序运行过程不得发生碰撞。

任务练习 3：轮廓程序的创建、示教编程、运行

（1）任务要求

① 在自己创建的文件夹下新建名称为 "outline" 的模块程序。

② 在工作面上用红色基坐标和尖触头工具示教构件的轮廓，如图 4-41 所示，示教轮廓时工具 TCP 依次经过 $P1$、$P2$、$P3$、$P4$、…、$P12$ 点后回到 $P1$ 点，除了在 $P1$ 点的停顿外，其余点不允许停顿，轨迹要优化。

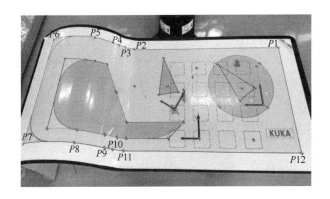

图 4-41   在培训站工作面上示教轮廓

③ 请在 T1、T2 运行模式下以不同的程序速度（POV）测试程序。

④ 请在自动运行模式下测试程序。

(2) 任务提示

① 接通控制柜，等待启动阶段结束，将紧急停止按钮复位并确认。

② 确保设置了运行方式 T1。

③ 路径描述：机器人从 HOME 点出发，经过 P1、P2、P3、P4、…、P12 后回到 P1 点，最后返回至机器人 HOME 点，在整个编程过程中涉及 SPTP、SLIN、SCIRC 三种运行方式。

a. 工具编号：_____，名称：_____。

b. 基坐标编号：_____，名称：_____。

c. 工作台上的移动速度为 0.3m/s。

👆 **注意**

工具的纵轴应始终垂直于轮廓（姿态导引：标准）。

④ 在整个过程中加入适当的轨迹逼近指令。

⑤ 在示教过程中注意姿态的优化。

⑥ 整个程序运行过程不得发生碰撞。

任务 4.4 样条曲线运动编程

KUKA 机器人除了带 SPTP、SLIN、SCIRC 的单个规则运动外，还为用户提供样条曲线（样条组）运动，以满足用户对复杂轨迹示教编程的需求。复杂轨迹如图 4-42 所示，原则上可以通过逼近的 SLIN 和 SCIRC 运动示教编程完成，但是实际示教编程的效果并不好，这时候就可以使用样条曲线（样条组）运动完成复杂轨迹的示教编程。

图 4-42   复杂轨迹

4.4.1　样条曲线概述

(1) 样条组类型

① CP 样条组：带 CP 运动的样条组（SPL、SLIN、SCIRC）。

② PTP 样条组：仅在轴空间内运动的样条组（仅 SPTP）。

(2) 样条组的特点

① 样条组是带 TOOL、BASE 和 IPO_MODE 的运动组，但在各个段中速度和加速度不同。

② 轨迹由所有点详细规划，并提前完整计算，由此经过所有点。

③ 在样条组内无需轨迹逼近，因为连续的轨迹由所有点确定。

④ 轨迹被提前完整计算，由此知全部轨迹曲线，该规划可将轨迹最佳置于轴的工作区域内。

⑤ 还可配置其他功能，例如"恒定的速度"或"固定定义的时间"。

⑥ 组中的段数量仅受内存容量的限制。

⑦ 样条组不允许含有其他指令，如变量赋值或逻辑指令。

⑧ 样条组轨迹曲线规划后始终保持不变，不受倍率、速度或加速度的影响。

(3) 样条组运动的速度变化

由于机器人的轴属于限定元件，样条组轮廓轨迹非常紧凑时会引起机器人运行速度下降甚至停机。

① 导致机器人减速的情况

a. 突出的角；

b. 姿态改变过大；

c. 示教点分布不均匀；

d. 附加轴进行较大运动；

e. 在奇点附近。

② 导致机器人停机的情况

a. 连续的点具有相同坐标；

b. SLIN 段和/或 SCIRC 段，如图 4-43 所示。

笔记

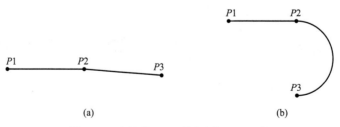

(a)　　　　　　　　　　　　(b)

图 4-43　连续的 SLIN 段和/或 SCIRC 段

 注意

连续的 SLIN 段和/或 SCIRC 段，如果出现以下两种情况，则速度不会降低。

- 如果 SLIN 段是连续的，并构成一条直线且姿态均匀变化，则速度不会降低，如图 4-44 所示。

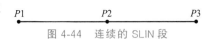

图 4-44 连续的 SLIN 段

- 如果两个圆的圆心和半径一样，并且姿态均匀变化，则 SCIRC 和 SCIRC 过渡段的速度也不降低。

另外，为笛卡尔弧长分配姿态变化、附加轴变化时，示教不均匀通常也会造成意料之外的降速。所以在示教时应尽量均匀分配姿态和附加轴的变化姿态。

(4) 更改样条组

样条组更改类型及解决方法详见表 4-20。

表 4-20 样条组更改类型及解决方法

更改类型	更改带来的影响	样条曲线示例	解决方法
更改点的位置	移动样条组中的一个点，轨迹最多会在此点前的两个段中和在此点后的两个段中发生变化		均匀分配点的间距，将直线作为 SLIN 段编程
	小幅度的点平移通常不会引起轨迹变化；但如果相邻的两个段，一段非常长而另一段非常短，则小小的变化就会产生非常大的影响		
更改段的类型	如果将一个 SPL 段变成一个 SLIN 段或反过来，则前一个段和后一个段的轨迹会改变		

(5) CP 样条组内 SPL 运动的使用

① SPL 运动用于替代直线与直线的轨迹逼近

用 SLIN-SPL-SLIN 替代 SLIN-SLIN，说明详见表 4-21。

表 4-21 用 SLIN-SPL-SLIN 替代 SLIN-SLIN 的说明

序号	轨迹逼近方法	程序段	轨迹弧线	说明
1	CONT 的轨迹逼近	SLIN P1 CONT Vel＝0.4m/s SLIN P2 Vel＝0.4m/s	P1A：轨迹逼近起点 P1B：轨迹逼近终点	确定 P1A 和 P1B 的方法：① 驶过轨迹逼近的轨迹，通过触发器记录所希望位置；② 在程序中用 KRL 计算这两个点；③ 可从轨迹逼近标准中得出轨迹逼近起点

序号	轨迹逼近方法	程序段	轨迹弧线	说明
2	SPL 代替 CONT 轨迹逼近	SPLINE S1 SLIN P1A SPL P1C SPL P1B SLIN P2 ENDSPLINE	 P1A：轨迹逼近起点 P1C：SPL 第一个示教点（附加点） P1B：SPL 第二个示教点（轨迹逼近终点）	即使 P1A 和 P1B 正好在轨迹逼近起点和终点处，SPL 轨迹也不会精确地与轨迹逼近弧线吻合。为能得到精确的轨迹逼近弧线，必须在样条上插入附加点。通常插入一个点就足够了，如左图的附加点 P1C

② 用 SLIN-SPL-SCIRC 替代 SLIN-SCIRC

用 SLIN-SPL-SCIRC 替代 SLIN-SCIRC，说明详见表 4-22。

表 4-22　用 SLIN-SPL-SCIRC 替代 SLIN-SCIRC 的说明

序号	轨迹逼近方法	程序段	轨迹弧线	说明
1	CONT 的轨迹逼近	SLIN P1 CONT SCIRC P2 P3	 P1A：轨迹逼近起点 P1B：轨迹逼近终点	确定 P1A 和 P1B 的方法： ①驶过轨迹逼近的轨迹，通过触发器记录所希望位置； ②在程序中用 KRL 计算这两个点；③可从轨迹逼近标准中得出轨迹逼近起点
2	SPL 代替 CONT 轨迹逼近	SPLINE S1 Vel=0.4m/s SLIN P1A SPL P1C SPL P1B SCIRC P2 P3 ENDSPLINE	 P1A：轨迹逼近起点 P1C：SPL 第一个示教点（附加点） P1B：SPL 第二个示教点（轨迹逼近终点）	即使 P1A 和 P1B 正好在轨迹逼近起点和终点处，SPL 轨迹也不会精确地与轨迹逼近弧线吻合。为能得到精确的轨迹逼近弧线，必须在样条上插入附加点。通常插入一个点就足够了，如左图的附加点 P1C

③ SPL 应用于解决样条组内连续的 SLIN-SCIRC 段引起的停机

当在样条组内出现连续的 SLIN-SCIRC 段会引起减速至零，要避免停机，可以加入 SPL 运动，操作方法详见表 4-23。

表 4-23 用 SPL 解决样条组内 SLIN-SCIRC 的停机问题

序号	轨迹逼近方法	程序段	轨迹弧线	说明
1	CONT 的轨迹逼近	SPLINE S1 Vel=0.4m/s SLIN P2 SCIRC P2 P3 ENDSPLINE	$P1$ $P2$ $P3$ $P4$ 直线到圆	在样条组内出现连续的 SLIN-SCIRC 会引起速度减至零，无法示教完成左图的轨迹
2	SPL 运动	SPLINE S1 Vel=0.4m/s SLIN P5 SPL P2 SCIRC P2 P3 ENDSPLINE	$P1$ $P2$ $P5$ $P3$ $P4$ $P5$：SPL 示教点（附加点）	①目标点前移，将 $P5$ 点作为直线新的目标点；②将直线原来的目标点 $P2$ 作为 SPL 的目标点，避免连续的 SLIN-SCIRC 造成的减速至零；③$P2$ 点仍作为圆的起点，轨迹不受影响

4.4.2 编写 CP 样条组运动指令

(1) 样条联机表单介绍

样条组联机表单如图 4-45 所示，参数解析详见表 4-24。

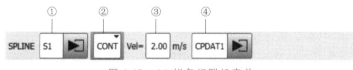

图 4-45 CP 样条组联机表单

编写 CP 样条组运动指令

表 4-24 CP 样条组联机表单参数解析

序号	参数	说明
①	SPLINE	样条组的名称，系统自动赋予一个名称，名称可以被改写；需要编辑运动数据时请触摸箭头，相关选项窗口即自动打开
②	CONT	CONT：目标点被轨迹逼近； [空]：将精确地移至目标点
③	Vel	笛卡尔速度：0.001m/s,…,2m/s
④	CPDAT1	运动数据组名称，系统自动赋予一个名称，名称可以被改写；需要编辑运动数据时请触摸箭头，相关选项窗口即自动打开

(2) 样条编程操作步骤

① 设置运行方式 T1。

② 选定机器人程序。

③ 参照任务 4.2.1 中图 4-20 操作方法修改 HOME 点参数。

④ 将光标置于其后应添加运动指令的那一行。菜单序列选择"指令">"运动">"样条组"，联机表单在光标所在行的下一行弹出，如图 4-46 所示。

图 4-46 样条组联机表单

⑤ 在样条组 S1 指令行中进行相关参数设置。目标点参数设置如图 4-47 所示。

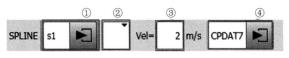

图 4-47 目标点参数设置

a. 展开图 4-47 中目标点参数选项窗口①，在坐标系窗口中选择正确的工具、基坐标系、关于插补模式的数据（外部 TCP：开/关）和碰撞监控的数据。

b. 展开图 4-47 中轨迹逼近选项窗口②，选择样条组目标点是否轨迹逼近。

注意

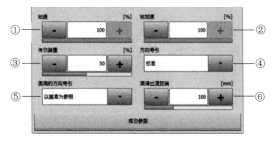

图 4-48 移动参数选项窗口

样条组的目标点是指样条组内最后一个运动的目标点。

c. 在图 4-47 中设置合适的轨迹速度③，设置范围为：0.001m/s，…，2m/s。

d. 展开图 4-47 中移动参数选项窗口，可将加速度和传动装置加速度变化率从最大值降下来。如果已经激活轨迹逼近，则也更改轨迹逼近距离。此外也可修改姿态引导，详见图 4-48 及表 4-25。

笔记

表 4-25 移动参数选项窗口解析

序号	参数	说　　明
①	轴速	数值以机床数据中给出的最大值为基准,值域:1%,…,100%
②	轴加速度	数值以机床数据中给出的最大值为基准,值域:1%,…,100%
③	传动装置	传动装置加速度变化率,是指加速度的变化量,数值以机床数据中给出的最大值为基准,值域:1%,…,100%
④	方向引导	选择姿态
⑤	圆周的方向引导	选择姿态导引的参照系,此参数只对 SCIRC 段(如果有的话)起作用
⑥	圆滑 过渡距离	只有在联机表单中选择了 CONT 之后,此栏才显示;目标点之前的距离,最早在此处开始轨迹逼近此距离最大可为起始点至目标点距离的一半;如果在此处输入了一个更大数值,则此值将被忽略而采用最大值

⑥ 在定义和设置好样条组相关参数后，将光标至于样条组①，点击下方"打开/关闭折合"②展开样条组③，如图 4-49 所示。

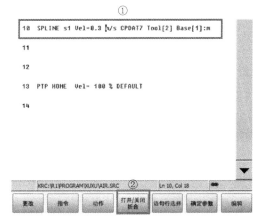

图 4-49 展开样条组

⑦ 将光标至于样条组内，点击下方"动作"。如图 4-50 所示，运行指令行弹出，根据示教编程需要，可以在运动方式①处下拉选择需要的运动方式（SPL、SLIN、SCIRC），并进行相关参数的设置（SLIN 和 SCIRC 的参数设置方法参照任务 4.3.2、4.3.3）

图 4-50 样条组内运动

⑧ 对于 SPL 的示教，是将机器人移动至 SPL 的目标点，设置好相关参数后，点击"指令 OK"即可。

任务练习（样条曲线示教）

笔 记

（1）在工作台的平面上示教样条曲线

① 在自己创建的文件夹下新建名为"yangtiao"的模块程序。

② 在培训站工作面上使用红色基坐标和尖触头工具示教样条曲线，如图 4-51 所示。

③ 请在 T1、T2 运行模式下以不同的程序速度（POV）测试程序。

④ 请在自动运行模式下测试程序。

（2）任务提示与要求

① 接通控制柜，等待启动阶段结束，将紧急停止按钮复位并确认。

② 确保设置了运行方式 T1。

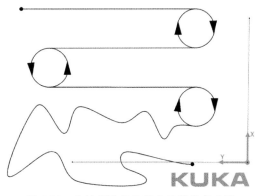

图 4-51 在培训站工作面上示教样条曲线

③ 参照任务 4.4.2 操作方法，对目标点进行示教编程。

a. 工具编号：_____，名称：_____；

b. 基坐标编号：_____名称：_____；

c. 工作台上的移动速度为 0.3m/s。

④ 整个程序运行过程不得发生碰撞。

任务 4.5　逻辑编程

为了实现与机器人控制系统与外围设备进行通信，可以使用数字式的输入端和输出

图 4-52　数字输入端和输出端

端，如图 4-52 所示。对 KUKA 机器人编程时，使用的是表示逻辑指令的输入端和输出端信号。

① OUT　在程序中的某个位置上关闭输出端。

② WAITFOR　与信号有关的等待函数，等待信号如下：

a. 输入端 IN；

b. 输出端 OUT；

c. 时间信号 TIMER；

d. 控制系统内部的存储地址 FLAG 或者 CYCFLAG。

③ WAIT　与时间相关的等待函数，控制系统在该位置上等待一定的时间（输入的时间）。

4.5.1　等待函数编程

(1) 计算机预进

笔 记

等待函数编程

计算机预进时预先读入（操作人员不可见）运动语句，以便控制系统能够在有轨迹逼近指令时进行轨迹设计，具体代码如图 4-53 所示。但在预进读取时处理的不仅仅是预进运动数据，还有数学的运算和控制外围设备的指令。某些指令将触发一个预进停止，包括影响外围设备的指令，如 OUT 指令（抓爪关闭，焊钳打开），如果预进指针暂停，则不能进行轨迹逼近。

程序释义：

① 第 6 行：主运行指针位置；

② 第 9 行：可能的预进指针位置；

③ 第 10 行：触发预进停止的指令语句。

(2) 等待函数联机表单

```
1 DEF Depal_Box1()
2
3 INI
4 SPTP HOME VEL= 100 % DEFAULT
5 SPTP P1 VEL= 100 % PDAT1 Tool[5] Base[10]
6 SPTP P2 VEL= 100 % PDAT1 Tool[5] Base[10]
7 SLIN P3 VEL= 1 m/s CPDAT1 Tool[5] Base[10]
8 SLIN P4 VEL= 1 m/s CPDAT2 Tool[5] Base[10]
9 SPTP P5 VEL= 100% PDAT1 Tool[5] Base[10]
10 OUT 26'' State=TRUE
11 SPTP HOME VEL= 100 % DEFAULT
12
13 END
```

图 4-53　预进读取

运动程序中的等待功能可以很简单地通过联机表单进行编程，等待功能被区分为与时间有关的等待功能和与信号有关的等待功能，详见表 4-26。

表 4-26　等待函数联机表单说明

等待函数类型	等待函数联机表单	联机表单说明
WAIT 等待时间	① WAIT Time= 1 sec	WAIT 可以使机器人的运动按编程设定的时间暂停；WAIT 总是触发一次预进停止 ①设置暂停时间，时间范围：0～30s
WAITFOR 等待信号	① ② ③ ④ ⑤ ⑥ WAIT FOR （ NOT IN 1 ） 需要时可将多个信号（最多 12 个）按逻辑连接；如果添加了一个逻辑连接，则联机表单中会出现用于附加信号和其他逻辑连接的栏	①添加外部连接，运算符位于加括号的表达式之间：AND、OR、EXOR、NOT、[空白] ②添加内部连接，运算符位于加括号的表达式之间：AND、OR、EXOR、NOT、[空白] ③等待的信号：IN、OUT、CYCFLAG、TIMER、FLAG ④信号的编号（1～4096） ⑤仅限于专家用户组使用，如果信号已有名称则会显示出来，名称可以通过单击⑤在弹出的软键盘上输入 ⑥CONT：允许预进读取，预进时间过后不能识别信号更改；空白：预进停止

(3) 逻辑连接

在应用与信号相关的等待功能时也会用到逻辑连接。一个具有逻辑运算符的功能始终以一个逻辑值为结果，即最后始终给出"真"（值 1）或"假"（值 0），详见表 4-27。

表 4-27　逻辑连接运算符说明

逻辑连接的运算符	说　明
NOT（取反）	该运算符用于否定，即该表达式的结果取反
AND（与）	当连接的两个表达式为真时，该表达式的结果为真
OR（或）	当连接的两个表达式中至少一个为真时，该表达式的结果为真
EXOR（异或）	当由该运算符连接的表达式有不同的逻辑值时，该表达式的结果为真

(4) 逻辑等待函数中有 CONT 和没有 CONT 的区别

如图 4-54 所示，在 CONT 选项⑥中，设置 CONT 或者设置空白，会影响预进读取的方式和轨迹逼近，详见表 4-28。

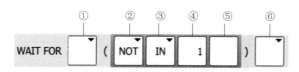

图 4-54　等待函数联机表单

(5) 添加逻辑指令的操作步骤

① 将光标定位在其后应插入逻辑指令的一行上。

② 选择菜单序列"指令">"逻辑">"WAITFOR"或"WAIT"，如图 4-55 所示。

③ 在联机表单中设置参数。

④ 用"指令 OK"保存指令。

表 4-28　等待函数中有 CONT 与没有 CONT 对轨迹逼近的影响

CONT 选项	轨迹和程序示例	补充说明
空白	 SPTP P1 Vel=100% PDAT1 Tool[1] Base[1] SPTP P2 CONT Vel=100% PDAT2 Tool[1] Base[1] **WAIT FOR IN 10 'door_signal'** SPTP P3 Vel=100% PDAT3 Tool[1] Base[1]	空白代表预进停止，既 $P2$ 点无法轨迹逼近，在到达 $P2$ 点时，会显示一条信息提示："无法轨迹逼近"； 在任何情况下都会将运动停在 $P2$ 点，并在①处检测信号： • 信号为"真"时，移动至 $P3$ 点 • 信号为"假"时，停在 $P2$ 点
CONT	P3 motion if TRUE ② ① P1 P2 STOP if FALSE SPTP P1 Vel=100% PDAT1 Tool[1] Base[1] SPTP P2 CONT Vel=100% PDAT2 Tool[1] Base[1] **WAIT FOR IN 10 'door_signal' CONT** SPTP P3 Vel=100% PDAT3 Tool[1] Base[1]	有 CONT 代表允许预进读取，但是预计读取指针的位置却不唯一，因此无法明确确定信号检测的具体位置和时间。 • 信号为"真"时，机器人可以在不带精确暂停的情况下按照 $P2$ 的轨迹逼近曲线移动至 $P3$ 点。 • 信号为"假"时，在带精确暂停的情况下机器人停留在轨迹逼近的开始位置②，若在达到位置②后将信号变为 TRUE，机器人继续运行轨迹逼近轨迹

笔 记

简单切换
函数编程

图 4-55　WAITFOR 或 WAIT

4.5.2　简单切换函数编程

(1) 切换函数概述

通过切换函数可将数字信号传送给外围设备，为此要使用先前分配给接口的相应输出端编号。切换函数分为简单型（静态）和脉冲（动态）切换函数，切换函数在程序中通过联机表单实现，详见表 4-29 所示。

(2) 切换函数在切换功能时 CONT 的影响

切换函数联机表单中 CONT 的设置与对切换函数的影响详见表 4-30。

(3) 切换函数的编程

① 将光标定位在其后应插入逻辑指令的一行上。

② 选择菜单序列"指令">"逻辑">"OUT">"OUT"或"PULSE"，如图 4-56 所示。

表 4-29 切换函数联机表单说明

切换函数类型	切换函数联机表单	联机表单说明
静态切换	① ② ③ ④ OUT 〔1〕〔 〕 State=〔TRUE▼〕〔CONT▼〕 信号设为静态,即它一直存在,直至赋予输出端另一个值	①为输出端编号; ②仅限于专家用户组使用,如果信号已有名称则会显示出来,可以通过单击名称区域②,在弹出的软键盘上输入; ③输出端可被切换成 TRUE 或 FALSE 状态; ④CONT:允许预进读取,预进时间过后不能识别信号更改,该信号是在预进中被赋值。空白:预进停止。
脉冲切换	① ② ③ ④ ⑤ PULSE 〔12〕〔test_output〕 State=〔TRUE▼〕〔CONT〕 Time=〔0.15〕sec 信号设为脉冲,信号存在于定义的时间,定义时间结束后,信号又重新取消	①为输出端编号; ②仅限于专家用户组使用,如果信号已有名称则会显示出来,可以通过单击名称区域②,在弹出的软键盘上输入; ③输出端可被切换成 TRUE 或 FALSE 状态; ④CONT:允许预进读取,预进时间过后不能识别信号更改,该信号是在预进中被赋值。空白:预进停止。 ⑤脉冲长度:0.10,…,3.00s

表 4-30 切换函数中有 CON 与没有 CONT 对轨迹逼近的影响

CONT 选项	轨迹和程序示例	补充说明

空白	
	P3:输出端赋值
	P1、P2、P4:示教目标点
	
	`SLIN P1 Vel=0.2 m/s CPDAT1 Tool[1] Base[1]`
	`SLIN P2 CONT Vel=0.2 m/s CPDAT2 Tool[1] Base[1]`
	`SLIN P3 CONT Vel=0.2 m/s CPDAT3 Tool[1] Base[1]`
	`OUT 5 'rob_ready' State=TRUE`
	`SLIN P4 Vel=0.2 m/s CPDAT4 Tool[1] Base[1]`
		如果 OUT 联机表单中 CONT 项空白,则在切换过程时必须执行预进停止,机器人精确停在 P3 点,并在 P3 点完成输出端赋值;然后在输出端赋值后继续直线运动至 P4

CONT	
	P:输出端赋值
	P1~P4:示数目标点
	
	`SLIN P1 Vel=0.2 m/s CPDAT1 Tool[1] Base[1]`
	`SLIN P2 CONT Vel=0.2 m/s CPDAT2 Tool[1] Base[1]`
	`SLIN P3 CONT Vel=0.2 m/s CPDAT3 Tool[1] Base[1]`
	`OUT 5 'rob_ready' State=TRUE CONT`
	`SLIN P4 Vel=0.2 m/s CPDAT4 Tool[1] Base[1]`
		CONT 的作用是预进指针不被暂停(不触发预进停止);在切换指令前 P3 点可以轨迹逼近;在预进时发出信号

笔记

样条曲线
逻辑编程

图 4-56　OUT 或 PULSE

③ 在联机表单中设置参数。

④ 用"指令 OK"保存指令。

4.5.3　样条曲线的逻辑编程

样条单个语句编程或在样条组内编程时，可在执行新运动过程中在联机表单中额外使用逻辑。该逻辑也作为单独的联机表单可供使用，借助 KRL 自然也可为逻辑或仅为逻辑编程，详见表 4-31。

表 4-31　逻辑编程介绍

序号	逻辑编程类型	适用范围
1	触发器（轨迹上的切换指令）	始终可用
2	条件停止	始终可用
3	恒速运动区域	仅在 CP 样条组中

（1）逻辑编程方式

如图 4-27 中⑥和图 4-57 所示，在运动指令联机表单中进行逻辑编程，可以通过菜单"切换逻辑"显示参数 ADAT1，并对其进行参数设置。

图 4-57　逻辑编程的参数设置

> **注意**
>
> 在运动的联机表单中进行逻辑编程时，要注意联机表单所在位置，如果未在样条组中，触发器和条件停止始终可用，恒速运动区域不可用。如果在样条组中，触发器、条件停止、恒速运动区域均可用。

（2）触发器编程

触发器可以触发一个由用户定义指令，机器人控制系统与机器人运动同时执行该指令。运动联机表单中触发器编程操作步骤如下。

a. 将用户组设置成专家界面。

b. 选择样条组运动程序 yangtiao。

c. 单击"备份"按钮，创建 yangtiao 程序的副本，命名为 yangtiaoluoji1。

d. 以"选定"方式打开 yangtiaoluoji1，并点击"打开/关闭折合"选项展开样条组。

e. 将光标置于需要添加触发器的指令行，单击"更改"按钮进入程序行编辑状态，单击"切换参数"＞"逻辑"显示逻辑参数，点击①"ADAT1"＞②"触发器"＞③"选择操作"＞④"添加触发器"，为运动添加触发器，如图 4-58 所示。

f. 在添加触发器后，会弹出触发器的选项窗口，如图 4-59 及表 4-32 所示。

g. 在触发器选项中进行相关的设置，如图 4-60 所示。

h. 点击"指令 OK"按钮，更改自动被保存，关闭逻辑窗口。

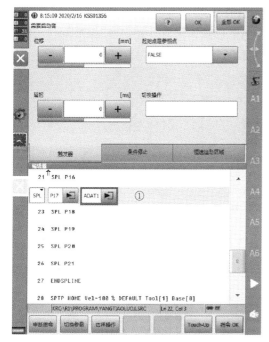

图 4-58　添加触发器

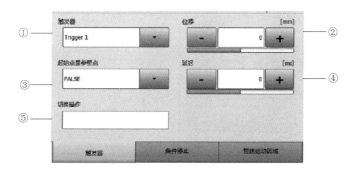

图 4-59　触发器选项窗口

表 4-32　触发器选项窗口说明

序号	名称	说　明
①	触发器	通过按钮"选择操作">"添加触发器"可在此为运动分配(另)一个触发器。 • 如果是该运动的第一个触发器,则该命令也会使触发器栏显示出来 • 每个运动最多可以有 8 个触发器 • 触发器可以通过"选择操作">"删除触发器"重新删除
②	位移	1)以目标点或起始点为参照移动位置 • 负值:朝运动起始方向移动 • 正值:朝运动结束方向移动 2)也可以示教位置移动,如果示教了位置移动,则栏目起始点是参照点,起始点是参照点 自动被赋值为 FALSE
③	起始点是 参照点	触发器的参照点 • TRUE:起始点作为触发器参照点 • FALSE:目标点作为触发器参照点

笔 记

续表

序号	名称	说　明
④	延迟	以"位移"为参照进行时间推移 • 负值：朝运动起始方向移动 • 正值：触发器在时间结束后切换
⑤	切换操作	触发器的指令，可以是： 1）给一个变量赋值 例如：value＝12 （提示：指令左侧不得有运行时间变量。即必须在＊.dat 文件中声明变量） 2）OUT 指令、PULSE 指令、CYCFLAG 指令 例如：\$OUT[2]＝TRUE；接通输出端 　　　\$OUT[99]＝FALSE；关闭输出端 （注意：一定要在系统变量前加符号"\$"） 3）调用一个子程序，在此情况下，必须给明优先级 例如：UP()PRIO＝－1； （注意：输入时必须不带空格） 说明：有优先级 1、2、4～39 以及 81～128 可供选择。 • 优先级 40～80 预留给优先级由系统自动分配的情况 • 如果优先级由系统自动给出，则应进行如下编程：PRIO＝－1 • 如果多个触发器同时调用子程序，则先执行最高优先级的触发器，然后再执行低优先级的触发器，1 为最高优先级

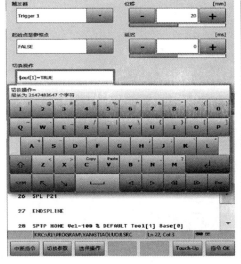
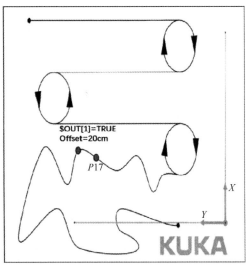

图 4-60　触发器编程设置

注意

• 如果需要在轨迹中任意一个位置（例如图 4-61 中①位置）执行触发器动作，但是该位置既不是起点也不是目标点，也无法确定该位置相对于参照点的时间延时和位移，此时需要记录触发器位置。

• 记录触发器位置操作方法：在 T1 模式下运行该程序，直到 TCP 移至样条轨迹中想要添加触发器的位置，例如位置图 4-61 中的位置①，松开正向启动键，此时光标置于需要添加触发器的指令行，在参照步骤 e、f 添加完触发器后，再点击"选择操作"，选择"记录触发器轨迹"，触发器动作位置即被存储。

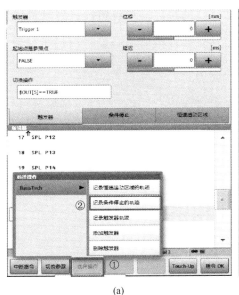
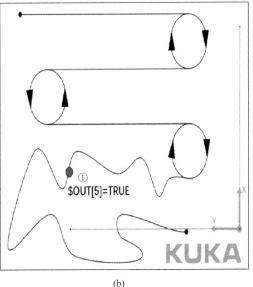

(a)   (b)

图 4-61 记录触发器位置

 注意

在样条组外的单个运动联机表单中触发器编程方法与样条组中方法相同。

(3) 条件停止运动编程

① 条件停止说明

• "条件停止"允许用户定义满足特定条件时机器人停止的轨迹位置，该位置称为"停止点"。如果不再满足该条件，则机器人继续运行。

• 机器人控制系统在运行期间计算出最迟必须制动的点，以便能够在停止点停止。

• 从该点（"制动点"）起，机器人控制系统分析是否满足条件。如果在制动点上满足条件，则机器人制动。

• 如果在到达停止点前重新变为"不满足"条件，则机器人重新加速，而不会停止。

• 如果在制动点上不满足条件，则机器人继续运行，而不会制动。

② 运动联机表单中条件停止编程操作步骤

a. 将用户组设置成专家界面。

b. 选择样条组运动程序 yangtiao。

c. 单击"备份"按钮，创建 yangtiao 程序的副本，命名为 yangtiaoluoji2。

d. 以"选定"方式打开 yangtiaoluoji2，并点击"打开/关闭折合"选项展开样条组。

e. 将光标置于需要添加触发器的指令行，单击"更改"按钮进入程序行编辑状态，单击"切换参数"＞"逻辑"显示逻辑参数，点击① "ADAT1"＞② "Conditional Stop（条件停止）"，如图 4-62 所示。

f. 在添加条件停止后后，会弹出条件停止的选项窗口，如图 4-63 及表 4-33 所示。

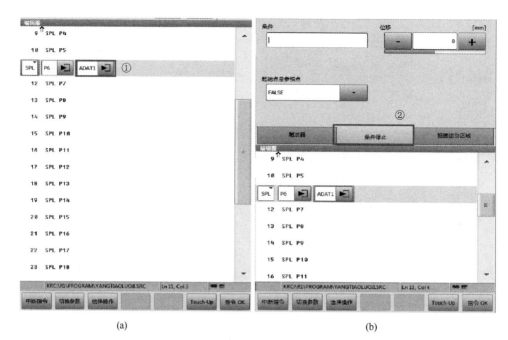

图 4-62 在运动联机表单中添加条件停止

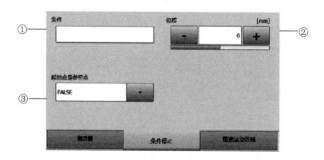

图 4-63 条件停止选项窗口

笔 记

表 4-33 条件停止选项窗口说明

序号	名称	说　明
①	条件	停止条件，允许使用： • 全局布尔变量 • 信号名称 • 比较 • 简单的逻辑连接：NOT、OR、AND 或 EXOR
②	位移	可以移动停止点的位置，为此必须在此给出至起始点或目标点所需的距离，如果无需移动位置，则输入"0" • 正值：朝运动结束方向移动 • 负值：朝运动起始方向移动 • 停止点不可任意移动位置，适用与 PATH 触发器相同的极限值 • 也可以示教位置移动，如果示教了位置移动，则栏目起始点是参照点，起始点是参照点自动被赋值为 FALSE

续表

序号	名称	说　明
③	起始点是 参照点	触发器的参照点 • TRUE：起始点作为触发器参照点 • FALSE：图标点作为触发器参照点

g. 在条件停止选项中进行相关的设置，输入条件语句，输入位移参数，设置起始点是否作为参照点，如图 4-64 所示。

h. 点击"指令 OK"按钮，更改自动被保存，关闭逻辑窗口。

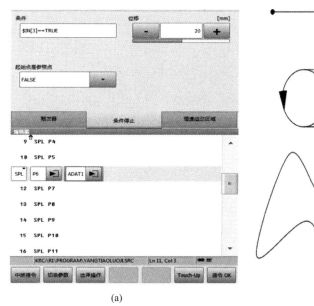

(a)

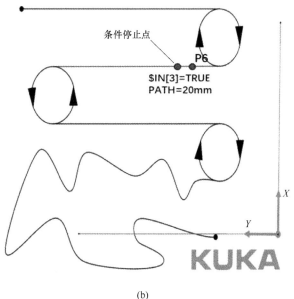

(b)

图 4-64　条件停止编程设置

 注意

• 如果需要在轨迹中任意一个位置执行条件停止动作，但是该位置既不是起点也不是目标点，也无法确定该位置相对于参照点的时间延时和位移，此时需要记录条件停止位置。

• 记录条件停止位置操作方法：在 T1 模式下运行该程序，直到 TCP 移至样条轨迹中想要添加条件停止点的位置，松开正向启动键，此时光标置于需要添加触发器的指令行，在参照步骤 e、f 添加条件停止后，再点击"选择操作"，选择"记录条件停止轨迹"，条件停止轨迹即被存储。

注意

在样条组外的单个运动联机表单中条件编程方法与样条组中方法相同。

（4）样条恒速运动区域编程

在 CP 样条组中可以定义机器人恒定保持编程设定速度的区域。该区域被称为"恒速运动区域"，且仅在样条中可用，如图 4-65 所示。

① 恒速运动区域说明

• 为每个 CP 样条组可以定义一个恒速运动区域。

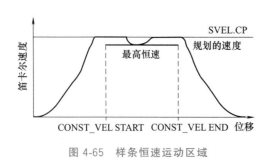

图 4-65　样条恒速运动区域

• 恒速运动区域通过一个起始指令和一个终止指令加以定义。

• 该区域不可以超出样条组。

• 该区域可以任意小。

• 如果无法恒定保持编程设定的速度，机器人控制系统在程序运行时可通过信息提示对此加以显示。

• 在多个段上的恒速运动区域时，由于一个恒速运动区域可以延伸至具有不同编程速度的多个段，在这种情况下，整个区域适用最低的速度。

• 即使是在具有较高编程设定速度的段中，也可以以最低速度运行。这时不会因为低于速度极限值而显示信息，仅当不能保持最低速度时才会显示信息。

② 样条恒运动区域编程

a. 将用户组设置成专家界面。

b. 选择样条组运动程序 yangtiao。

c. 单击"备份"按钮，创建 yangtiao 程序的副本，命名为 yangtiaoluoji3。

d. 以"选定"方式打开 yangtiaoluoji3，并点击"打开/关闭折合"选项展开样条组。

e. 将光标置于需要添加触发器的指令行，单击"更改"按钮进入程序行编辑状态，单击"切换参数">"逻辑"显示逻辑参数，点击"ADAT1">"恒速运动区域"，如图 4-66 所示。

f. 在添加恒速后，会弹出恒速运动的选项窗口，如图 4-67 及表 4-34 所示。

 笔 记

g. 恒速运动区域有起始点和终止点，首先设置恒速运动区域的起始点。在 T1 模式下运行该程序，直到 TCP 移至样条轨迹中想要添加恒速运动区域起始点的位置，例如位置图 4-68 中的起始点位置（任意找的位置，需要记录轨迹），松开正向启动

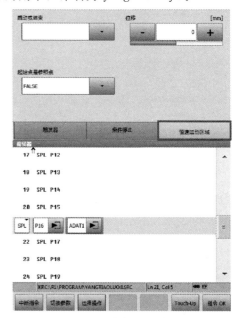

图 4-66　添加恒速运动区域

键，光标置于需要添加恒速运动区域起点的指令行，在恒速运动区域选项窗口中选择①"Start">②"选择操作">③"记录恒速运动区域的轨迹"，恒速运动区域起始点位置即被存储。

h. 接着设置恒速运动区域的终止点。在 T1 模式下运行该程序，直到 TCP 移至样条轨迹中想要添加恒速运动区域终止点的位置，例如位置图 4-69 中的终止点位置（任意找的位置，需要记录轨迹），松开正向启动键，光标置于需要添加恒速运动区域终止点的指令行，参照步骤 e 调出终止点的恒速运动区域选项窗口，选择①"End">②"选择操作">③

"记录恒速运动区域的轨迹"，恒速运动区域终止点位置即被存储。

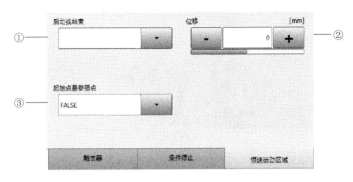

图 4-67　恒速运动区域选项窗口

表 4-34　恒速运动区域选项窗口说明

序号	名称	说　明
①	启动或结束	• Start(起始)：规定恒速运动区域的起点 • End(终止)：规定恒速运动区域的终点
②	位移	以目标点或起始点为参照移动位置 • 负值：朝运动起始方向移动 • 正值：朝运动结束方向移动
③	起始点是参照点	Start 或 End 可以以运动的起始点或目标点为参照 • TRUE：Start 或 End 以起始点为参照 如果起始点已被轨迹逼近，则可以与 PATH 触发器均匀轨迹逼近相同的方式得出参考点。 • FALSE：Start 或 End 以目标点为参照 如果目标点已被轨迹逼近，则 Start 或 End 以轨迹逼近弧线的起点为参照

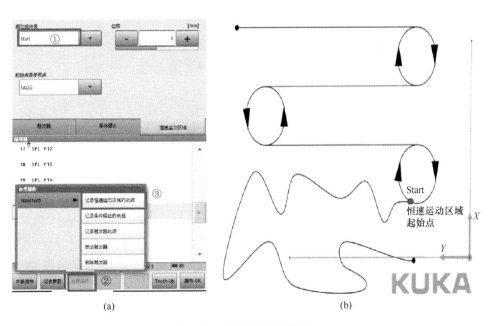

(a)　　　　　　　　　　　　(b)

图 4-68　恒速运动区域起点

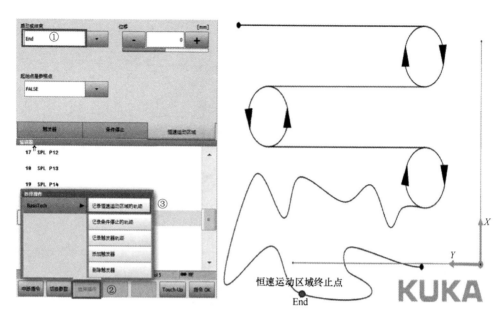

图 4-69　恒速运动区域终止点

注意

在记录恒速运动区域的轨迹时，前提条件是之前已经完整的运行过该程序，各点位置信息已被存储。

i. 点击"指令 OK"按钮，更改自动被保存，关闭逻辑窗口。

任务练习（为样条程序添加逻辑）

(1) 任务内容

① 选择样条组运动程序 yangtiao。

② 单击"备份"按钮，创建 yangtiao 程序的副本，命名为 yangtiaoluoji。

③ 在红色区域中激活输出端 15，如图 4-70 所示。

④ 在绿色区域中激活输出端 16，如图 4-70 所示。

⑤ 当输入端 11 位为"TRUE"时停在 STOP 点，条件不成立，继续运行。

⑥ 设置一段恒速运动区域。

⑦ 在运行方式 T1、T2 和自动运行模式下测试程序。

(2) 任务提示与要求

① 接通控制柜，等待启动阶段结束，将紧急停止按钮复位并确认。

② 参照任务 4.5.3 中操作方法，添加相关逻辑指令。

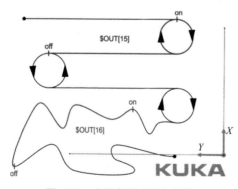

图 4-70　为样条程序添加逻辑

项目小结 ◄◄◄

本项目主要介绍了机器人程序的使用、轴相关运动编程、沿轨迹运动编程、样条曲线运动编程、逻辑编程，通过对本项目学习，能够进行相关运动编程以及逻辑编程，为后续高级编程的学习奠定基础。

课后作业 ◄◄◄

一、选择题

1. KUKA 机器人的程序模块始终保存在（　　）文件夹中。

A. R1　　　　　　B. R2　　　　　　C. R3　　　　　　D. R4

2. 程序中的第一个运动必须是（　　）。

A. PTP 或 SPTP　　　　　　　　　B. PTP HOME 或 SLIN

C. LIN 或 SLIN　　　　　　　　　D. CIRC 或 SCIRC

3. KUKA 机器人状态条 R 栏显示黑色表示（　　）。

A. 一个程序被选定，目前正在运行　　B. 没有选定程序

C. 句子指针运行到选定的程序的第一行　D. 句子指针运行到选定的程序的最后一行

4. wait 指令的联机表单最多可设置等待（　　）。

A. 20s　　　　　　B. 30s　　　　　　C. 15s　　　　　　D. 60s

5. 在下列指令中不能够触发预进停止的指令是（　　）。

A. SPTP　　　　　B. OUT　　　　　　C. WAIT　　　　　D. WAIT FOR

6. KUKA 机器人具有 3 个不同的奇点位置，分别为（　　）。

A. α_1、α_3、α_5　　B. α_1、α_2、α_5　　C. α_2、α_3、α_5　　D. α_1、α_2、α_3

二、填空题

1. 机器人以＿＿＿＿＿＿＿＿方式打开程序才能运行程序。

2. 程序模块由＿＿＿＿＿＿和＿＿＿＿＿＿两部分构成。

3. 模块编辑方式包括＿＿＿＿＿、＿＿＿＿＿、＿＿＿＿＿。

4. KUKA 机器人的初始化运行称为＿＿＿＿＿运行。

5. 机器人沿轨迹的运动有＿＿＿＿＿和＿＿＿＿＿两种运动方式。

三、判断题

1. 在专家模式下对模块改名，只需要更改源文件名称即可。（　　）

2. 删除、示教了点后不需要执行 BCO 运行。（　　）

3. 在自动模式下执行程序时，始终需要按住确认键。（　　）

4. 机器人奇异点是数学特性，不是机械特性，故每种品牌的机器人都会有奇异点。（　　）

5. 若要执行外部自动运行，必须通过 CELL 程序。（　　）

6. CP 样条组包括 SLIN、SCIRC 和 SPTP 元素。（　　）

7. 样条中的一个点位置发生变化，会影响其他段的曲线。（　　）

四、简答题

1. 为什么要执行 BCO？

2. SLIN 和 SCIRC 运动有哪些特点？

3. 简述样条组的特点。

4. 逻辑编程类型有哪三种？

笔 记

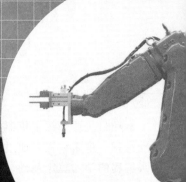

项目 **5**

工业机器人高级编程

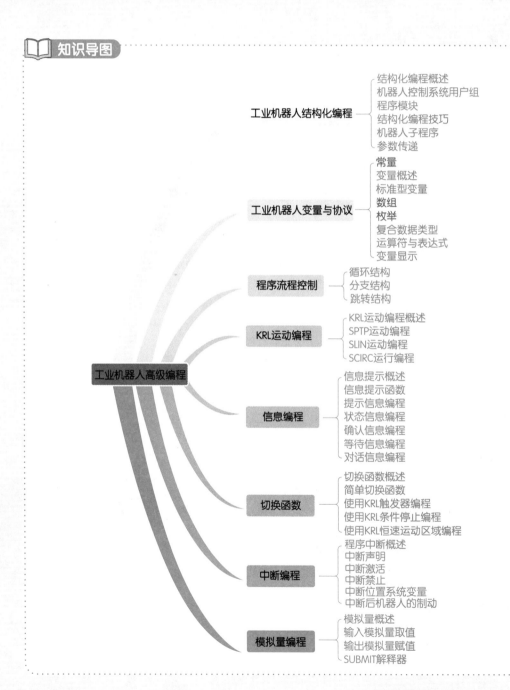

知识导图

工业机器人高级编程

- 工业机器人结构化编程
  - 结构化编程概述
  - 机器人控制系统用户组
  - 程序模块
  - 结构化编程技巧
  - 机器人子程序
  - 参数传递

- 工业机器人变量与协议
  - 常量
  - 变量概述
  - 标准型变量
  - 数组
  - 枚举
  - 复合数据类型
  - 运算符与表达式
  - 变量显示

- 程序流程控制
  - 循环结构
  - 分支结构
  - 跳转结构

- KRL运动编程
  - KRL运动编程概述
  - SPTP运动编程
  - SLIN运动编程
  - SCIRC运行编程

- 信息编程
  - 信息提示概述
  - 信息提示函数
  - 提示信息编程
  - 状态信息编程
  - 确认信息编程
  - 等待信息编程
  - 对话信息编程

- 切换函数
  - 切换函数概述
  - 简单切换函数
  - 使用KRL触发器编程
  - 使用KRL条件停止编程
  - 使用KRL恒速运动区域编程

- 中断编程
  - 程序中断概述
  - 中断声明
  - 中断激活
  - 中断禁止
  - 中断位置系统变量
  - 中断后机器人的制动

- 模拟量编程
  - 模拟量概述
  - 输入模拟量取值
  - 输出模拟量赋值
  - SUBMIT解释器

项目导入

本项目主要介绍机器人离线编程的相关知识，包括结构化编程技巧、机器人变量的协议、程序流程控制、KRL 运动编程、KRL 信息编程以及机器人中断等。通过本项目的学习，读者可以在机器人编程软件中完成程序的编写，简化了机器人程序编写步骤，同时程序编写不再局限于固定的联机表单，编程者可根据实际任务灵活采用编程指令，使程序变得简单易懂。

学习目标

❶ 知识目标

➤ 熟悉专家用户组，掌握结构化编程技巧

➤ 熟悉机器人变量的类型，掌握各种变量的定义与初始化方法

➤ 熟悉机器人循环结构、分支结构以及跳转结构等程序流程控制方法

➤ 掌握 KRL 运动编程指令内容、含义以及编程格式

➤ 熟悉信息提示、对话信息的类型以及相关指令

➤ 熟悉切换函数指令内容、含义以及编程格式

➤ 掌握中断编程指令内容、含义以及编程格式

➤ 了解模拟量以及 SUBMIT 解释器相关知识

❷ 技能目标

➤ 能够使用结构化编程技巧编写机器人程序

➤ 能够定义并初始化机器人变量

➤ 能够灵活应用循环结构、分支结构以及跳转结构等程序流程控制指令

➤ 能够对应运动联机表单使用 KRL 运动编程指令编写运动程序

➤ 能够编写信息提示以及对话信息程序

➤ 能够使用 KRL 切换函数指令编写相关程序

➤ 能够进行中断编程

➤ 能够利用模拟量调节机器人程序运行速度

笔记

学习任务

➤ 任务 5.1　工业机器人结构化编程

➤ 任务 5.2　工业机器人变量与协议

➤ 任务 5.3　程序流程控制

➤ 任务 5.4　KRL 运动编程

➤ 任务 5.5　信息编程

➤ 任务 5.6　切换函数

➤ 任务 5.7　中断编程

➤ 任务 5.8　模拟量编程

任务 5.1　工业机器人结构化编程

工业机器人结
构化编程

5.1.1　结构化编程概述

在工业生产的各个领域由于工业机器人的广泛应用，使得产品的质量以及生产的效率得到了有效提高。但随之而来的是机器人任务开始从简单走向多元复杂，程序设计难度明显提高，所以结构化编程以其要求高效、无误、易懂、维护简便、清晰明了以及良好的经济效应等特点得到了广泛应用，有效降低了编程难度与工作量。本节将从机器人专家界面介绍、程序模块创建、结构化编程技巧以及机器人程序调用等方面为大家讲解如何创建结构化程序。

5.1.2　机器人控制系统用户组

KUKA 机器人控制系统（KRC4）将用户组分为用户、专家、安全维护员、安全管理员以及管理员，不同用户可根据需要登录相应用户组进行操作。各用户组介绍见表 5-1。

表 5-1　机器人用户组介绍

用户组	简　　介
用户	机器人操作人员用户组
专家	机器人编程人员用户组，有密码保护（默认：kuka）
安全维护员	激活机器人的现有安全配置，有密码保护
安全调试员	使用 KUKA.SafeOperation 或 KUKA.SafeRangeMonitoring 安全配置，有密码保护
管理员	功能与专家组一致，有密码保护；可以将插件（Plug-Ins）集成到机器人控制系统中

注：在下列情况下将自动退出专家用户组。
① 当运行方式切换至 AUT（自动）或 AUT EXT（外部自动运行）时；
② 在 300s 内未对操作界面进行任何操作时。

笔记

用户组切换操作步骤见表 5-2。

表 5-2　用户组切换操作步骤

步骤	具体操作	图例
1	单击"菜单"键（①），选择配置（②），选择用户组（③）	图 5-1
2	选择专家用户组（①），输入密码：kuka（②），单击"登录"键（③）完成用户组的切换	图 5-2

5.1.3　程序模块

在 KUKA 机器人控制系统（KRC4）中可以利用现有程序模块来创建新的程序，具体程序模块介绍见表 5-3。

利用程序模块新建程序操作步骤见表 5-4。

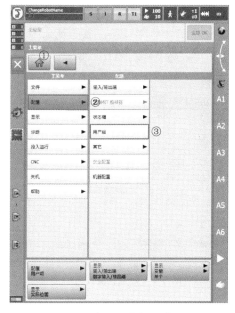

图 5-1 用户组切换操作步骤 1

图 5-2 用户组切换操作步骤 2

表 5-3 程序模块介绍

模块名称	模块介绍
Modul	由具有程序头、程序结尾以及基本框架(INI 和 2 个 PTP HOME)的 SRC 和 DAT 文件构成
Cell	机器人外部自动运行标准程序模块,控制系统中有且仅有一个 Cell 程序
Expert	模块由只有程序头和程序结尾的 SRC 和 DAT 文件构成
Expert Submit	由程序头和程序结尾构成,其为附加的 Submit 文件(SUB)
Function	SRC 函数创建,在 SRC 中只创建带有 BOOL 变量的函数头。函数结尾已经存在,但必须对返回值进行编程
Submit	由程序头、程序结尾以及基本框架(DECLARATION、INI、LOOP/ENDLOOP)构成,其为附加的 Submit 文件(SUB)

表 5-4 利用程序模块新建程序操作步骤

步骤	具体操作	图例
1	光标选择空白处(①),单击"新"键(②)	图 5-3
2	选择程序 Modul 模块(①),单击"OK"键(②)	图 5-4
3	输入程序名称:JGPro_XXX(①),单击"OK"键(②)完成程序创建	图 5-5

5.1.4 结构化编程技巧

机器人程序的结构是体现其使用价值的一个十分重要的因素。程序结构化越规范,程序就越易于理解、执行效果越好、越便于读取、越经济。常用的结构化编程技巧有注释、缩进、隐藏以及模块化。

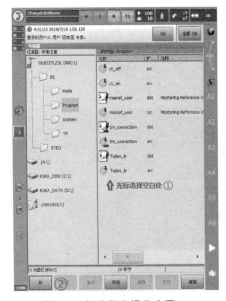

图 5-3　新建程序操作步骤 1

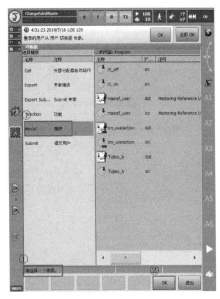

图 5-4　新建程度操作步骤 2

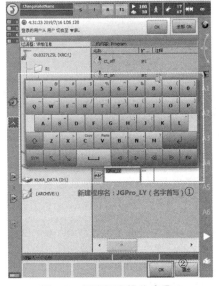

图 5-5　新建程序操作步骤 3

（1）注释

注释是指在机器人程序中插入仅针对程序阅读者的说明与解释文本，以增强程序的可阅读性。注释文本的内容以及其用途可由编程者任意选择，没有严格的语法规定，程序在后处理（编译）时，注释文本会被系统直接忽略，故不会影响程序的运行。

在机器人程序编写时经常会用到的注释文本详见表 5-5。

插入注释的方法有两种，一种是登录专家用户组，在程序行中插入"；"，后面的文本为注释文本；另一种是使用联机表单插入注释，联机表单分为标准文本和印章两种，印章是将注释文本内容格式化。插入注释方法与具体操作步骤见表 5-6。

表 5-5　程序中常用注释文本示例

注释文本作用	示例程序
显示程序信息： 显示程序功能说明、编程者以及创建程序日期等相关信息	DEF PICK_CUBE() ; 该程序将方块从库中取出 ; 作者：Max Mustermann ; 创建日期：2019.07.28 INI ... END

续表

注释文本作用	示例程序
程序分段标识: 将程序段的功能直接标注,有利于程序模块化编写以及增强程序的可读性	``` DEF PALLETIZE() INI ... ; ———————— 位置的计算 ———————— ... ; ————————16 个方块的堆垛 ———————— ... ; ————————16 个方块的卸垛 ———————— ... END ```
单行程序解释说明: 说明该程序行的工作原理及含义,便于他人或作者日后理解	``` DEF PICK_CUBE() INI SPTP HOME Vel=100% DEFAULT SPTP Pre_Pos ; 驶至抓取预备位置 SLIN Grip_Pos ; 驶至方块抓取位置 ... END ```
调试程序: 调试程序过程中,临时删除程序段,但有可能该程序段还会被重新使用,可将其变为注释	``` DEF Palletize() INI PICK_CUBE() ;CUBE_TO_TABLE() CUBE_TO_MAGAZINE() END ```

表 5-6　插入注释方法与具体操作步骤

插入注释方法		具体操作	图例
使用";"符号插入注释		登录专家用户组(操作步骤见表 5-2) 在程序行插入";"符号,添加注释文本	图 5-6
使用联机表单 插入注释	标准	单击"指令"键(①),选择注释(②),选择标准(③),在联机表单中输入注释文本(④)	图 5-7
	印章	单击"指令"键(①),选择注释(②),选择印章(③),在联机表单中输入编程者名称以及注释文本(④)	图 5-8

笔 记

图 5-6　使用";"符号插入注释

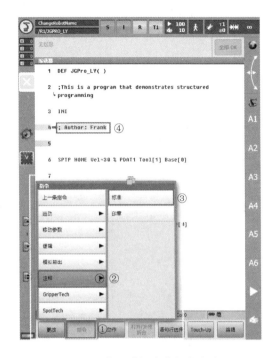

图 5-7　使用联机表单标准方式

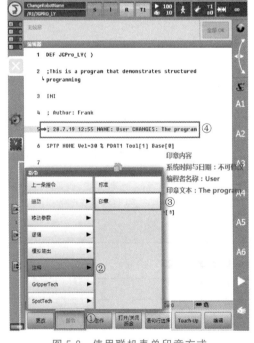

图 5-8　使用联机表单印章方式

（2）程序缩进

程序缩进是指在每一行的代码左端空出一部分长度，使程序的逻辑结构更加整齐、清晰、易读。程序缩进所获得的效果只是体现在提高程序的可读性上，不影响程序的正常运行。程序缩进示例程序如图 5-9 所示。

（3）程序隐藏

程序隐藏是指将不重要的程序行折叠和隐藏到折合（FOLD）中，使程序的阅读变得更加简洁方便。例如运动联机表单就是系统定义好的折合，这些折合使联机表单中输入的值更为简洁明了，并将不常用的相关设置隐藏到折合中，普通用户组无法打开折合内容。在 KUKA 控制系统中，用户（专家用户组以上）可以创建自己的折合，具体创建步骤见表 5-7。

（4）程序模块化

程序模块化是指在程序设计时将一个主程序按照功能划分为若干小程序模块，每个程序模块完成一个确定的功能，并在这些模块之间建立必要的联系，通过模块的互相协作完成整个程序功能的程序设计技巧。

笔 记

```
DEF INSERT()
INT PART, COUNTER
INI
SPTP HOME Vel=100% DEFAULT
LOOP
    FOR COUNTER = 1 TO 20
        PART = PART+1
        ; 联机表单无法缩进！！！
SPTP P1 CONT Vel=100% TOOL[2]:Gripper BASE[2]:Table
        PTP XP5; 用 KRL 进行运动
    ENDFOR
...
ENDLOOP
END
```

图 5-9 程序缩进示例程序

表 5-7 程序折合创建操作步骤

步骤	具体操作	图例（表例）
1	登录专家用户组	表 5-2
2	编写折合程序（①），单击"回车"键完成折合创建（②）	图 5-10
3	选择折合（①），单击"回车/关闭折合"键（②），显示折合内容	图 5-11

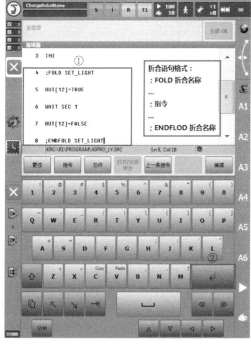

图 5-10 FOLD 创建操作步骤 2

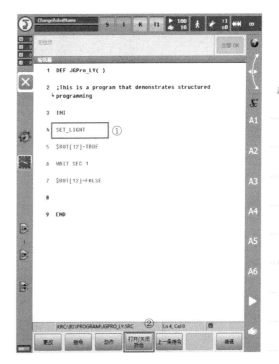

图 5-11 FOLD 创建操作步骤 3

5.1.5　机器人子程序

由于机器人子程序具有可独立开发、编程耗时可分摊、编程错误可最小化、子程序可多次反复应用、能使主程序长度减短、结构更清晰易读等特点，在编程过程中被广泛使用。子程序根据被调用方式，可以分为全局子程序和局部子程序。

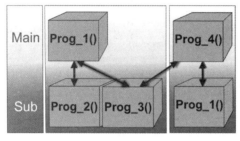

图 5-12　全局子程序调用关系图

全局子程序是指一个独立的机器人程序，可根据具体要求被另一独立的程序调用，成为其子程序。即某一程序可在某次应用中用作主程序，而在另一次应用中用作全局子程序。全局子程序可以被不同 SRC 文件程序相互调用，关系如图 5-12 所示。

局部子程序是集成在一个主程序中的子程序，即程序段包含在同一个 SRC 文件中，点位坐标也存放在同一个 DAT 文件中。局部子程序只能被同一 SRC 文件中的主程序调用，不能被其他 SRC 文件中的程序调用，且同一 SRC 文件中最多创建 255 个局部子程序，关系如图 5-13 所示。

调用子程序的过程：每个程序都以 DEF 行开始并以 END 行结束。如果要在主程序中调用子程序，正常情况下运行指针会从子程序 DEF 运行至 END，到达 END 行后，程序运行指针重新跳入发出调用指令的主程序，如图 5-14 所示。

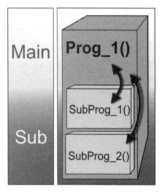

图 5-13　局部子程序调用关系图

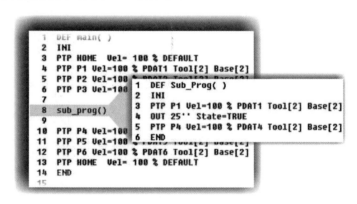

图 5-14　调用子程序的过程

当调用的子程序中出现 RETURN 指令时，立即结束子程序运行，指针跳回至先前调用子程序的程序模块中，示例程序如图 5-15 所示。

5.1.6　参数传递

参数传递是指在调用子程序时将主程序中的某些变量值传递给子程序（全局和局部子程序）。参数传递时变量可以是任意类型，但传递过程中主程序和子程序都必须声明该变量。

注：本节内容涉及变量相关知识，建议读者学习完《工业机器人变量与协定》小节后进行学习。

参数传递可分为 IN 参数传递和 OUT 参数传递。IN 参数传递是指主程序变量值保持不变的参数传递，即参数无法传回主程序；OUT 参数传递是指主程序变量值会根据传递

```
DEF MY_PROG( )
INI
...
LOCAL_PROG( )
...
END
_____

DEF LOCAL_PROG( )
SPTP P1 CONT Vel=100% TOOL[2]:Gripper BASE[2]:Table
    IF $IN[12]==FALSE THEN
        RETURN
    ENDIF
SPTP P2 CONT Vel=100% TOOL[2]:Gripper BASE[2]:Table
END
```

图 5-15　RETURN 指令示例程序

变量的子程序变量值的改变而改变，即参数传递回主程序。在使用参数传递时须标明参数
传递类型，参数传递示例程序如图 5-16 所示。

```
DEF MY_PROG( )
DECL REAL w
DECL INT a,b
INI
w = 1.5
a = 3
b = 5
CALC(w, b, a)
; 当前值 w = 3.8   a = 13    b = 5
END
_____

DEF CALC(ww:OUT, bb:IN, aa:OUT); aa<->a  bb<->b  ww<->w
DECL REAL ww
DECL INT aa, bb
ww = ww + 2.3 ; ww = 1.5 + 2.3 =3.8 传递回主程序变量 w
bb = bb + 5   ; bb = 5 + 5 = 10
aa = bb + aa  ; aa = 10 + 3= 13 传递回主程序变量 a
END
```

图 5-16　参数传递示例程序

　　当执行完子程序后，希望子程序能够返回函数值，例如执行抓方块程序，返回方块是
否抓取成功的函数值。函数值返回指令为 RETURN（VALUE 函数值），示例程序如
图 5-17 所示。

笔 记

```
DEF MY_PROG
DECL BOOL result
DECL INT number
INI
...
result = Catch_cube(number)
...
END
_____
DEFFCT BOOL Catch_cube(num: IN)
DECL BOOL return_value
DECL INT num
return_value=FALSE
...
    IF $IN[12]=TRUE THEN
        return_value=TRUE
    ENDIF
RETURN(return_value)
ENDFCT
```

图 5-17　函数返回值示例程序

 **任务练习**（结构化编程）

（1）任务内容

① 创建一个结构化编程示例程序 JGPro _ XXX（编程者名字首写）。

② 创建注释：程序功能、编程者、创建日期等信息。

③ 通过调用子程序完成抓笔、绘制三角形（Draw）、放笔任务，其中抓、放笔为全局子程序，绘制三角形为局部子程序。

④ 将抓笔、绘制三角形以及放笔任务程序无限次循环调用（LOOP 循环），注意程序缩进时程序结构清晰易懂。

（2）任务示范

以上练习任务示例程序如图 5-18 所示。

```
1   DEF JGPro_LY ( )
2   ; This is a program that demonstrates structured programing
3   ; Author: Frank
4   ; 16.7.19 13:34 NAME: User CHANGES: The program
5 ⊞ INI
6   LOOP
7      Getpen( )
8      Drawtriangle( )
9      Putpen( )
10  ENDLOOP
11  END
_____
12  DEF Drawtriangle( )
13 ⊞ PTP HOME   Vel=30 % PDAT2 Tool[1] Base[1]
14 ⊞ PTP P1    Vel=30 % PDAT3 Tool[1] Base[1]
15 ⊞ LIN P2    Vel=0.3 m/s CPDAT1 Tool[1] Base[1]
16 ⊞ LIN P3    Vel=0.3 m/s CPDAT2 Tool[1] Base[1]
17 ⊞ LIN P1    Vel=0.3 m/s CPDAT3 Tool[1] Base[1]
18 ⊞ PTP HOME   Vel=30 % PDAT4 Tool[1] Base[1]
19  END
```

图 5-18　结构化编程示例程序

笔 记

任务 5.2　工业机器人变量与协议

5.2.1　常量

常量是指在机器人程序运行过程中其值不可以改变的数值。例如，我们每个人的身份证号码，这串数字就是一个常量。常量可以分为数值型常量、字符型常量以及符号常量，其中数值型常量包含了整型常量和实型常量。

常量的声明只能在数据列表中建立，且必须使用关键词 CONST。具体创建过程如下：

①在编辑器中打开 DAT 文件；

②进行声明和初始化，如图 5-19 所示；

```
DEFDAT MY_PROG( )
EXTERNAL DECLARATIONS
DECL CONST INT MAX_SIZE=99
DECL CONST REAL PI=3.1415926
...
ENDDAT
```

图 5-19　常量的声明和初始化

③关闭并保存数据列表。

5.2.2　变量概述

变量是指在机器人程序运行过程中其值可以进行变化的量，在机器人控制系统的存储器中有一个专门指定的地址来储存该变量的数值。在 KRL 语言中选择变量名称时，务必遵守以下规定：

①变量名称长度最多允许 24 个字符；

②变量名称只允许含有字母（A～Z）、数字（0～9）以及特殊字符"_"和"$"；

③变量名称不允许以数字开头；

④变量名称不允许为 KRL 语言的关键词；

⑤KRL 语言不区分大小写。

变量根据储存地址分配方式可以分为全局变量和局部变量。全局变量是指整个机器人控制系统所有程序都有效的变量；局部变量是指只在其声明的程序内有效的变量，会在其所属的程序结束后消亡。

变量根据存储的数值类型可以分为标准数据型、数组型、枚举型以及复合数据型。

笔记

5.2.3　标准型变量

标准型变量分为整型、实数型、布尔型以及字符型变量，详见表 5-8。

表 5-8　标准数据类型介绍

标准数据类型	关键词	值域	示例
整型	INT	$-2^{31} \sim (2^{31}-1)$	$-980/360$
实数型	REAL	$(\pm 1.110^{-38}) \sim$ $(\pm 3.410^{+38})$	$-1.18/3.14159$
布尔型	BOOL	TRUE/FALSE	TRUE/FALSE
字符型	CHAR	ASCII 字符集	"A"/"7"

变量声明是指在使用变量前对变量进行命名及选择数据类型，声明时需使用关键词 DECL，对于 4 种标准类型变量关键词可以省略。在 KRL 语言中变量可以在不同位置进行声明，声明的位置不同将会影响变量的生存期（变量占用计算机内存的时间），详见表 5-9。

表 5-9　变量声明介绍

变量声明位置	变量声明操作步骤	生存期说明
在 *.SRC 文件中声明变量	1)切换用户组为专家； 2)打开 *.SRC 文件，单击"编辑"键(①)，选择视图行(②)，选择 DEF 行(③)； 3)变量声明： 4)保存并关闭 *.SRC 文件	程序执行时变量可显示，仅声明程序可读写(局部变量)，程序到达最后一行(END 行)时释放存储位置
在 *.DAT 文件中声明变量	1)切换用户组为专家； 2)打开 *.DAT 文件，选择行"①"打开折合，选择行"②"打开折合； 3)变量声明；	程序选定时变量可显示，仅相关 *.SRC 文件可读写(局部变量)，程序运行结束时仍保持

笔 记

续表

变量声明位置	变量声明操作步骤	生存期说明
在 ＊.DAT 文件中声明变量	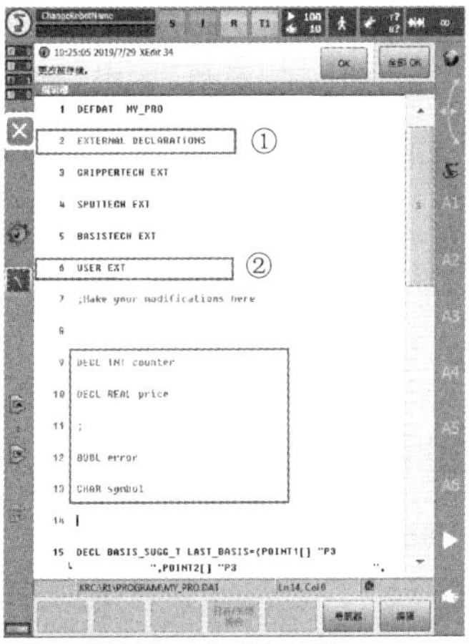 4)保存并关闭 ＊.DAT 文件	程序选定时变量可显示,仅相关 ＊.SRC 文件可读写(局部变量),程序运行结束时仍保持
	1)切换用户组为专家; 2)打开 ＊.DAT 文件,择行"②"打开折合,选择行"③"打开折合 3)通过关键词 PUBLIC 扩展程序头(①); 4)变量声明(添加关键词 GLOBAL); 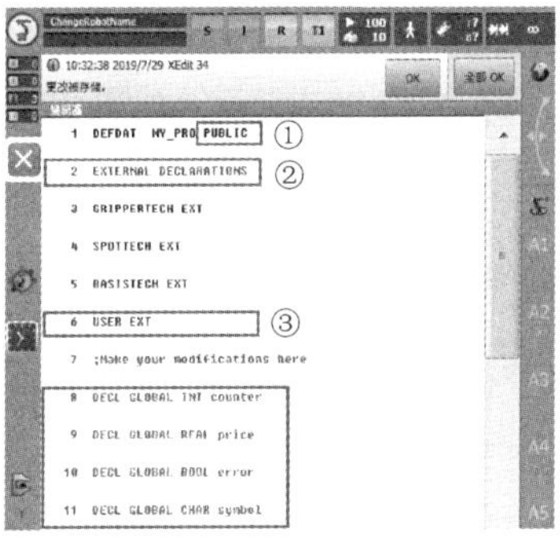 5)保存并关闭 ＊.DAT 文件	始终变量可显示,所有程序可读写(全局变量)
在 ＄CONFIG.DAT 文件中声明变量	1)切换用户组为专家; 2)打开 ＄CONFIG.DAT 文件,选中"USER GLOBALS"行(①),打开折合; 3)声明变量; 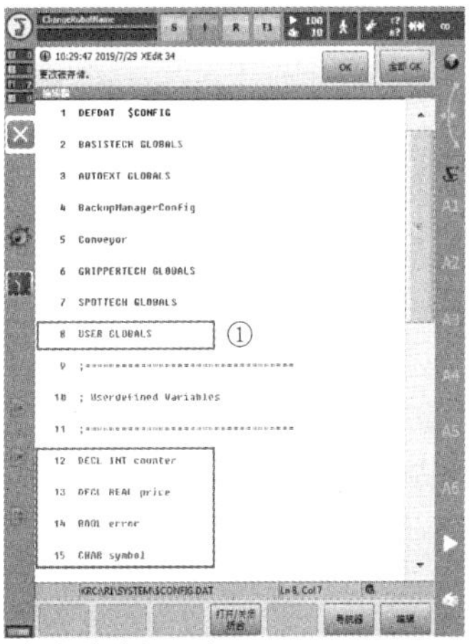 4)保存并关闭程序	

笔 记

　　变量初始化就是把变量赋为默认值。初始化过程由于变量声明位置不同而有所差异，在＊.SRC文件中声明变量和变量初始化需要分开完成，在＊.DAT文件中声明变量和变量初始化可以同时进行，也可在＊.DAT文件中声明变量，在＊.SRC文件中进行变量初始化。具体操作步骤详见表5-10。

表5-10　变量初始化介绍

变量声明位置	变量初始化具体操作步骤
＊.SRC文件	1）在编辑器中打开＊.SRC文件； 2）创建声明变量程序； 3）创建变量初始化程序（变量赋值）；  4）保存并关闭＊.SRC文件
＊.DAT文件 （包含＄CONFIG.DAT文件）	1）在编辑器中打开＊.DAT文件； 2）创建声明并初始化变量程序； 3）保存并关闭＊.DAT文件

5.2.4　数组

　　数组是一个由若干同类型变量组成的集合，数组需要注意以下规则：

　　① 数组声明时，DECL指令不能省略，且必须确定数组的大小以及数据类型；

　　② 数组下标始终从1开始；

　　③ 数组初始化可以采用逐个单独赋值，或循环方式赋值，字符串数组可采用组合赋值；

④ 数组可以是一维的，也可以是多维的，KRL 语言不支持 4 维及 4 维以上的数组。

数组可以在 ∗.SRC、∗.DAT 以及 ＄CON-FIG.DA 文件中声明，声明具体操作步骤与标准型变量相同，这里不再赘述。数组在 ∗.DAT 文件中初始化，只能逐个单独初始化，示例程序如图 5-20 所示；在 ∗.SRC 文件中，可以逐个单独初始化，也可以用循环方式初始化，示例程序如图 5-21、图 5-22 所示。

```
DEFDAT MY_PROG( )
EXTERNAL DECLARATIONS
DECL BOOL error[10]
error[1]=FALSE
error[2]=FALSE
error[3]=FALSE
...
error[10]=FALSE
```

图 5-20 在 ∗.DAT 文件中逐个初始化

```
DEF MY_PROG( )
DECL BOOL error[10]
INI
error[1]=FALSE
error[2]=FALSE
error[3]=FALSE
...
error[10]=FALSE
```

图 5-21 在 ∗.SRC 文件中逐个初始化

```
DEF MY_PROG( )
DECL BOOL error[10]
DECL INT X
INI
FOR X=1 TO 10
error[X]=FALSE
ENDFOR
```

图 5-22 在 ∗.SRC 文件中循环初始化

5.2.5 枚举

枚举是一个若干常量组成的集合，例如彩虹是由红、橙、黄、绿、青、蓝、紫 7 种颜色组成。枚举类型经过定义后才能使用，定义枚举类型时常量为已知常量，且常量的个数有限。为了便于辨认枚举类型，自定义枚举以 TYPE 结尾。枚举定义、声明、初始化以及应用如图 5-23 所示。

```
DEFDAT MY_PROG( ) ; DAT 文件
EXTERNAL DECLARATIONS
ENUM COLOR_TYPE RED,ORANGE,YELLOW,GREEN,CYAN,BLUE,PURPLE
ENDDAT

DEF MY_PROG( ) ; SRC 文件
DECL COLOR_TYPE MYRAINBOW
INI
MYRAINBOW=#RED
IF MYRAINBOW==#RED THEN
; 指令
ENDIF
END
```

图 5-23 枚举示例程序

5.2.6 复合数据类型

符合数据是一个由若干不同类型变量组成的集合，也称作结构体。例如一辆汽车是由各种类型的零部件构成的集合，汽车车轮为整数型，汽车油箱体积为实数型等。复合数据类型可以由标准型、数组型、枚举型以及已定义的结构体等数据类型组成。为了便于辨认结构体类型，自定义结构体以 TYPE 结尾。在 KRL 语言中，系统已经预定义了如表 5-11 所示的结构体。结构体定义、声明、初始化如图 5-24 所示。

表 5-11 系统预定义结构体

系统预定义结构体	说　　明
AXIS	STRUC AXIS REAL A1，A2，A3，A4，A5，A6
E6AXIS	STRUC E6AXIS REAL A1，A2，A3，A4，A5，A6，E1，E2，E3，E4，E5，E6
FRAME	STRUC FRAME REAL X，Y，Z，A，B，C
POS	STRUC POS REAL X，Y，Z，A，B，C INT S，T
E6POS	STRUC E6POS REAL X，Y，Z，A，B，C，E1，E2，E3，E4，E5，E6 INT S，T

```
DEFDAT MY_PROG( ) ; DAT 文件
EXTERNAL DECLARATIONS
; 结构体定义
ENUM COLOR_TYPE red,white,black ; 以枚举型定义汽车颜色
; 由标准数据类型构成的结构体
STRUC CAR_TYPE1 INT motor,  REAL price, BOOL air_condition
; 由字数组、枚举以及已定义的结构体等数据类型构成的结构体
STRUC CAR_TYPE2 CHAR car_model[15], COLOR_TYPE car_color, POS car_pos
; 结构体声明
DECL CAR_TYPE1 my_car1
DECL CAR_TYPE2 my_car2
ENDDAT

DEF MY_PROG( ) ; SRC 文件
INI
; 结构体初始化（赋值）
; 通过 "{ }" 进行赋值，赋值时只允许使用常量，赋值顺序可以忽略
my_car1={motor 50, air_condition true, price 149998.85, }
; 通过 "." 进行赋值，赋值时可以使用变量
my_car1.price=my_car1.price*0.98
my_car2.car_model= "my model"
my_car2.car_color=#white
my_car2.car_pos={X 1000,Y 800,Z 0,A 0,B 0,Z 0}
END
```

图 5-24 结构体示例程序

5.2.7 运算符与表达式

(1) 算术运算符

在机器人程序编写时经常会遇到各种各样的计算，KRL 语言支持如表 5-12 所示的算

术运算符，这些运算符要求有两个数据（运算对象）参与运算，所以它们被称为双目运算符。示例程序如图 5-25 所示。

表 5-12　KRL 语言算术运算符介绍

运算符	名称	例子	运算功能
+	加	A+B	计算 A 与 B 的和
—	减	A-B	计算 A 与 B 的差
*	乘	A * B	计算 A 与 B 的积
/	除	A/B	计算 A 除以 B 的商

注：1. 整数除运算时，运算结果去掉所有小数位；

2. 实数强制类型转换为整数时，对运算结果进行四舍五入。

```
DEF MY_PROG( )
DECL INT A,B,C
DECL REAL R,S,T
INI
R=7        ; R=7.0
S=5.5      ; S=5.5
T=2.15     ; T=2.15
A=S*3      ; A=17,实数 16.5 强制类型转换为整数时，对运算结果进行四舍五入
B=R/2      ; B=3,整数 7 除运算时，运算结果去掉所有小数位
C=R+T      ; C=9
END
```

图 5-25　算术运算示例程序

（2）比较运算符

比较运算符是指可以使用该运算符比较两个值，结果成立为 TRUE，不成立为 FALSE 的运算符。KRL 语言支持如表 5-13 所示的比较运算符，示例程序如图 5-26 所示。

表 5-13　KRL 语言比较运算符介绍

运算符	名称	例子	允许的数据类型
==	等于/相等	A==B	INT/REAL/CHAR/BOOL
〈〉	不等于	A<>B	INT/REAL/CHAR/BOOL
>	大于	A>B	INT/REAL/CHAR
<	小于	A<B	INT/REAL/CHAR
>=	大于等于	A>=B	INT/REAL/CHAR
<=	小于等于	A<=B	INT/REAL/CHAR

笔记

```
DEF MY_PROG( )
DECL BOOL G,H
INI
G = 10>10.1       ; G=FALSE
H = 10/3 == 3     ; H=TRUE
G = G<>H          ; G=TRUE
END
```

图 5-26　比较运算程序示例

（3）逻辑运算符

逻辑运算是数字符号化的逻辑推演，包括与、或、非三种基本逻辑运算。KRL 语言支持如表 5-14 所示的逻辑运算符，示例程序如图 5-27 所示。

表 5-14　KRL 语言逻辑运算符介绍

运算符	名称	例子	允许的数据类型
NOT	非	NOT A	
AND	与	A AND B	BOOL
OR	或	A OR B	
EXOR	异或	A EXOR B	

各逻辑运算符逻辑推演关系见表 5-15。

表 5-15　KRL 语言逻辑运算符逻辑推演关系介绍

运算		NOT A	A AND B	A OR B	A EXOR B
A＝FALSE	B＝FALSE	TRUE	FALSE	FALSE	FALSE
A＝FALSE	B＝TRUE	TRUE	FALSE	TRUE	TRUE
A＝TRUE	B＝FALSE	FALSE	FALSE	TRUE	TRUE
A＝TRUE	B＝TRUE	FALSE	TRUE	TRUE	FALSE

```
DEF MY_PROG( )
DECL BOOL K, L, M
INI
K = TRUE
L = NOT K                    ; L=FALSE
M = (K AND L) OR (K EXOR L)  ; M=TRUE
L = NOT (NOT K)              ; L=TRUE
END
```

图 5-27　逻辑运算示例程序

5.2.8　变量显示

变量显示

　　KUKA 机器人控制系统可以监控所有变量（包括系统变量、用户自定义变量），在机器人示教器中可以显示并更改变量值。

　　单项变量显示窗口如图 5-28 所示，相应窗口介绍见表 5-16。

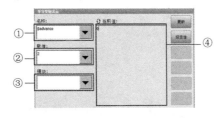

图 5-28　单项变量显示窗口

显示与改变单项变量值具体操作步骤见表 5-17。

表 5-16 单项变量显示窗口介绍

序号	名称	说明
①	变量名称	显示变量的名称
②	变量新值	改变当前显示变量的值
③	变量所在模块	当前显示变量所在的程序模块;对于系统变量,该栏为空白
④	变量当前值	此栏显示变量当前值,有两种状态,可选择"更新"键切换 ⟳ 显示当前变量值不自动更新 ⟳ 显示当前变量值自动更新 注:变量显示为"NULL",则该变量尚未赋值

表 5-17 显示与改变单项变量值具体操作步骤

步骤	具体操作	图例
1	单击"菜单"键,选择显示行(①),选择变量行(②),选择单个行(③)	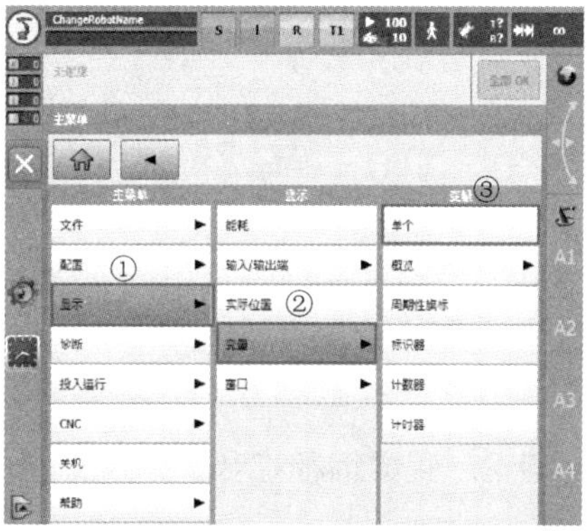
2	在单项变量显示窗口名称栏输入变量名称(①)	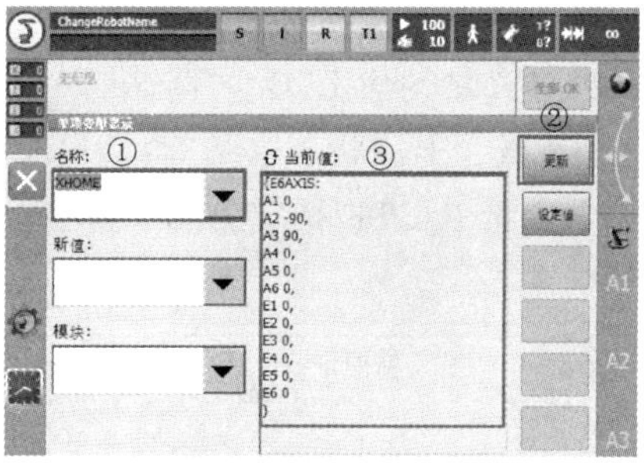
3	选择"更新"键(②),在当前值栏显示该变量值(③)	
4	在新值栏中输入设定的新值(①),按住"使能"键,并选择"设定值"键(②),改变当前显示变量值(③)	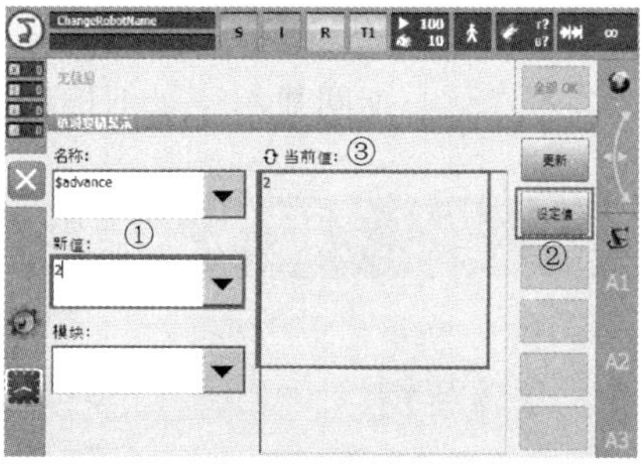

 任务练习

任务练习 1：变量编程 1

编写并调试如图 5-29 所示程序，分别在 MY_TASK.SRC、MY_TASK.DAT 以及 CONFIG.DAT 中声明变量，通过变量显示观察变量的生存周期，最后将程序运行完的变量值填入程序空格中。

```
DEF MY_TASK( )
DECL INT I, J, K
DECL REAL L, M, N
INI
I=32
J=8*I
K=I/3*2-100
L=3.2+I/3
M=(J-200)/6*3
N=I
; I=      , J=      , K=
; L=      , M=      , N=
END
```
(a)

```
DEF MY_TASK( )
DECL BOOL L, M, K
DECL CHAR MY_NAME[10]
INI
MY_NAME[10]= "USER"
K = FALSE
L = NOT K
M = (K AND L) EXOR (K OR L)
L = NOT (NOT K)
; MY_NAME= "        "
; L=      , M=      , K=
END
```
(b)

图 5-29　练习程序

任务练习 2：变量编程 2

① 创建名为 Struktur_XXX（读者名字首写）的程序。

② 将箱子颜色定义为枚举类型，其包含白、红、黑三种颜色。

③ 预定义结构体 BOX_Typ，该结构中应能保存箱子的以下参数：长度、宽度、高度、瓶子数量、上漆状态（是/否）以及漆面颜色。

 笔 记

④ 将变量 KISTE 指定为 BOX_Typ 类型结构体，并参考表 5-18 进行初始化。

表 5-18　箱子参数

长度/mm	宽度/mm	高度/mm	瓶子数量	上漆状态	漆面颜色
25.2	18.5	5.0	4	已上漆	白色

⑤ 调用局部子程序（Process1）将箱子内瓶子数量增加 8 个。

⑥ 等待 3s，调用局部子程序（Paint1）将箱子涂为红色。

⑦ 在程序运行期间显示变量 KISTE。

任务 5.3　程序流程控制

5.3.1　循环结构

循环结构是指在程序中需要反复执行某个功能而设置的一种程序结构。它由循环体中

的条件来判断继续执行某个功能还是退出循环。循环结构可以减少源程序重复书写的工作量，在 KRL 语言中有四种循环语句，即无限循环、计数循环、当型循环以及直到型循环。

(1) 无限循环

无限循环是指程序没有限量地反复交替运行的循环结构，程序结构以及程序流程图如图 5-30 所示。

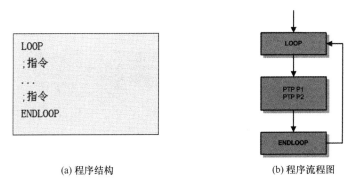

(a) 程序结构   (b) 程序流程图

图 5-30 无限循环

无限循环可以分为无中断无限循环和带中断无限循环。无中断无限循环编程如图 5-31 所示，机器人在 $P1 \sim P4$ 点循环移动，永远也不会运动到 $P5$ 点。带中断无限循环编程如图 5-30 所示，机器人在 $P1 \sim P4$ 点循环移动，当 $\$IN[3]==TRUE$ 条件成立时，机器人从 $P2$ 点移动到 $P5$ 点退出循环结构。在退出循环结构时，可直接使用 EXIT 指令，退出时注意避免机器人发生碰撞。

```
DEF MY_PROG( )
INI
SPTP HOME Vel=30% PDAT5 Tool[1] Base[1]

LOOP
    SPTP XP1
    SPTP XP2
    SPTP XP3
    SPTP XP4
ENDLOOP

SPTP P5 Vel=30% PDAT5 Tool[1] Base[1]
SPTP HOME Vel=30% PDAT5 Tool[1] Base[1]
END
```

图 5-31 无中断无限循环示例程序

```
DEF MY_PROG( )
INI
SPTP HOME Vel=30% PDAT5 Tool[1] Base[1]
LOOP
    SPTP XP1
    SPTP XP2
    IF $IN[3]==TRUE THEN ;中断的条件
    EXIT
    SPTP XP3
    SPTP XP4
    ENDIF
ENDLOOP
SPTP P5 Vel=30% PDAT5 Tool[1] Base[1]
SPTP HOME Vel=30% PDAT5 Tool[1] Base[1]
END
```

图 5-32 带中断无限循环示例程序

(2) 计数循环

计数循环是指程序通过规定重复次数执行一个或多个指令的循环结构，程序结构以及程序流程图如图 5-33 所示。

```
FOR Counter = start TO last  （step x）
;指令
...
;指令
ENDFOR
```

(a) 程序结构

(b) 程序流程图

图 5-33　计数循环

计数循环需声明一个整型变量作为循环计数器（Counter）。执行循环结构时，计数器值等于初始化值（start）；每执行一次循环体，计数器值增加一个步幅（默认为 1）；循环结构执行完毕后，计数器值等于设定值（last）加一个步幅。这里步幅是指每执行一次循环体计数器改变值的大小，步幅必须为整数，默认为 1，但可通过关键词 STEP 指定步幅大小。当步幅数值为正整数时，计数器值逐步增大；当步幅数值为负整数时，计数器值逐步减小，程序示例如图 5-34 所示。

```
DEF MY_PROG( )
INT Counter
INI
; 将数字量输出口 1-10 号置为 TRUE。

FOR Counter = 1 to 10；默认步幅值为1
    $OUT[Counter]=TRUE

ENDFOR
END
```

(a)

```
DEF MY_PROG( )
INT Counter
INI
; 将数字量输出口 10、8、6、4 号置为 TRUE。
FOR Counter = 10 to 2 step -2；步幅为-2
    $OUT[Counter]=TRUE
ENDFOR
END
```

(b)

图 5-34　计数循环示例程序

```
DEF MY_PROG( )
INT Counter1 , Counter2 , Arrows[3,3]
INI
;将二维数组 Arrows[3,3]初始化，值置为1。
FOR Counter1 = 1 to 3；
    FOR Counter2 = 1 to 3
        Arrows[Counter1, Counter2]=1
    ENDFOR
ENDFOR
END
```

图 5-35　双层嵌套计数循环示例程序

根据程序功能需要可以将多个计数循环嵌套在一起，形成嵌套计数循环结构体，图 5-35 为双层嵌套计数循环示例程序。

(3) 当型循环

当型循环是指在循环体执行前进行判断的，条件（Condition）满足进入循环，否则结束循环的循环结构，故也被称为前测试循环。当型循环程序结构和流程图如图 5-36 所示。

只要某一执行条件（Condition）满足，当型循环结构会将循环体一直重复，直到执行条件不满足时结束循环，并执行 ENDWHILE 后指令，程序示例如图 5-37 所示。当型循环也可通过 EXIT 指令退出。

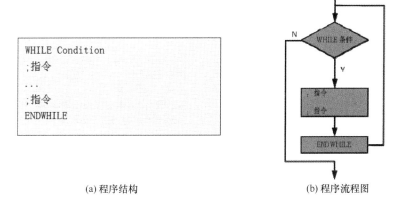

(a) 程序结构　　　　　　　　　　　　(b) 程序流程图

图 5-36　当型循环

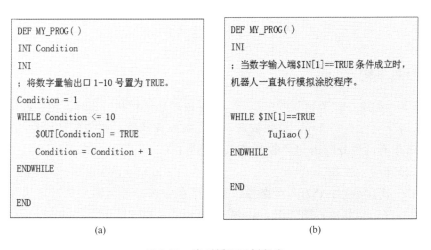

(a)　　　　　　　　　　　　　　　　(b)

图 5-37　当型循环示例程序

(4) 直到型循环

直到型循环是指在循环体执行一次后进行判断，条件（Condition）不满足再次进行循环体，直到条件满足后结束循环，故也被称为后测试循环。直到型循环程序结构和流程图如图 5-38 所示。

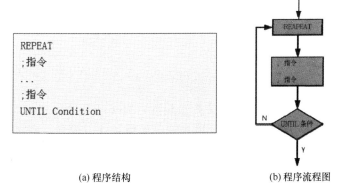

(a) 程序结构　　　　　　　　　　　　(b) 程序流程图

图 5-38　直到型循环

直到型循环先执行循环体，然后进行条件判断。条件不满足时，重复进入循环体；条件满足时结束循环，并执行 UNTIL 指令，示例程序如图 5-39 所示。直到型循环也可通过 EXIT 指令退出。

```
DEF MY_PROG( )
INT Condition
INI
; 将数字量输出口 1-10 号置为 TRUE。
Condition = 1
REPEAT
    $OUT[Condition] = TRUE
    Condition = Condition + 1
UNTIL Condition >= 10
END
```

(a)

```
DEF MY_PROG( )
INI
; 当数字输入端$IN[1]==FALSE 条件不成立
时，机器人一直执行模拟涂胶程序。

REPEAT
    TuJiao( )
UNTIL $IN[1]==FALSE

END
```

(b)

图 5-39　直到型循环示例程序

5.3.2　分支结构

通常机器人程序是按语句写顺序执行，即采用顺序结构执行程序。但一些编程场合需要根据不同情况执行不同语句，这种依据一定的条件选择执行路径的结构称为分支结构。在 KRL 语言中有两种分支语句，即 IF 分支和 SWITCH-CASE 分支语句。

(1) IF 分支

IF 分支是用于将程序分为多个路径，给程序多个选择，判断后执行该选择对应的指令。IF 分支程序结构和流程图如图 5-40 所示。

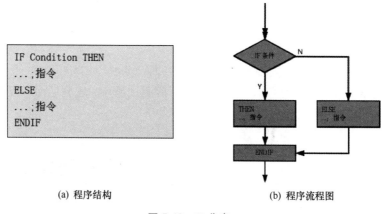

```
IF Condition THEN
...;指令
ELSE
...;指令
ENDIF
```

(a) 程序结构　　　　　　　　(b) 程序流程图

图 5-40　IF 分支

IF 分支语句一般由一个条件和两个指令组成，有可选择的分支，如图 5-41 所示；也可由一个条件和一个指令组成，没有可选分支，如果条件不成立，则直接结束 IF 分支语句，如图 5-42 所示。

多个 IF 语句可以相互嵌套，形成多个分支语句。各 IF 语句的条件被依次判断直至条件满足，机器人执行该条件对应的指令，如图 5-43 所示。

笔记

```
DEF MY_PROG( )
INT NR
INI
NR=4
...
; 仅在 NR=5 时，机器人运动至 P1, 否则
运动至 P2 点。
IF NR==5 THEN
SPTP XP1
ELSE
SPTP XP2
ENDIF
...
END
```

图 5-41　有可选分支的 IF 分支语句示例程序

```
DEF MY_PROG( )
INT NR
INI
NR=4
...
; 仅在 NR=5 时，机器人运动至 P1。
IF NR==5 THEN
SPTP XP1
ENDIF
...
END
```

图 5-42　无可选分支的 IF 分支语句示例程序

```
DEF MY_PROG( )
INT NR
INI
NR=6
...
; 在 NR=5 时，机器人运动至 P1; 在 NR=6 时，机器人运动至 P2; 否则运动至 P3 点。
IF NR==5 THEN
SPTP XP1
ELSEIF NR==6 THEN
SPTP XP2
ELSE
SPTP XP3
ENDIF
ENDIF
...
END
```

图 5-43　嵌套 IF 分支语句示例程序

(2) SWITCH-CASE 分支

SWITCH-CASE 分支语句是用于区分多种情况并为每种情况执行不同操作。SWITCH-CASE 分支程序结构和流程图如图 5-44 所示。

笔 记

```
SWITCH 选择标准
CASE 值
...;指令
...
DEFAULT
...;指令
ENDSWITCH
```

(a) 程序结构

(b) 程序流程图

图 5-44　SWITCH-CASE 分支

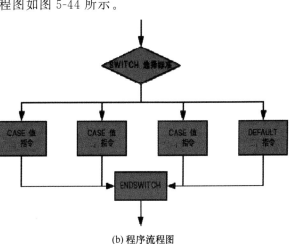

SWITCH-CASE 分支语句的选择标准可以是整型（INT）、字符型（CHAR）以及枚举型（EUMN）数据类型。当 SWITCH 指令未找到预定义的 CASE，如果事先已经定义 DEFAULT（默认）段，则运行该段指令；如果没有事先定义 DEFAULT（默认）段，则直接跳至 ENDSWITCH 段，不执行指令，如图 5-45 所示。

```
DEF MY_PROG( )
INT Number
INI
Number = 5
SPTP HOME Vel=30% PDAT5 Tool[1] Base[1]
SWITCH Number
CASE 1
   SPTP XP1
CASE 2
   SPTP XP2
CASE 3
   SPTP XP3
DEFAULT
   SPTP XP4
ENDSWITCH
SPTP HOME Vel=30% PDAT5 Tool[1] Base[1]
END
```

(a)

```
DEF MY_PROG( )
CHAR Symbol
INI
Symbol = "D"
SPTP HOME Vel=30% PDAT5 Tool[1] Base[1]
SWITCH Number
CASE "A"
   SPTP XP1
CASE "B"
   SPTP XP2
CASE "C"
   SPTP XP3
ENDSWITCH
SPTP HOME Vel=30% PDAT5 Tool[1] Base[1]
END
```

(b)

图 5-45　SWITCH-CASE 分支示例程序

5.3.3　跳转结构

跳转结构是指程序运行时跳至指定程序行的一种程序结构，在 KRL 语言中可以通过 GOTO 指令实现程序跳转，跳转语句程序结构和示例程序如图 5-46 所示。程序跳转时注意不可从外部跳至 SWITCH-CASE 分支语句、IF 分支语句以及循环语句内。由于 GOTO 指令会使程序结构不清晰，故在机器人编程中很少使用。

```
...
GOTO Marke
...
Marke:
...
```

```
DEF MY_PROG( )
INT X
INI
；调用 10 次涂胶程序。
X=1
LOOP
IF X>10 THEN
GOTO Marke
ELSE
X=X+1
TuJiao( )；调用涂胶程序
ENDIF
ENDLOOP
Marke:
END
```

(a) 程序结构　　　　　　　　　(b) 示例程序

图 5-46　跳转结构

**任务练习**（循环指令综合应用）

① 创建名为 Light ＿ XXX（读者名字首写）的程序。

② 使用无限循环结构，将机器人数字输出端 9～12 号端口置为 FALSE 并跳出无限循环。

③ 使用计数循环结构，将机器人数字输出端 9 号端口两次置为 TRUE（即 9 号端口置为 TRUE，等待 1s 后置为 FALSE，再等待 1s 后置为 TRUE，视为闪烁 1 次）；10 号端口三次置为 TRUE（即闪烁 2 次），11 号端口四次置为 TRUE（即闪烁 3 次），12 号端口五次置为 TRUE（即闪烁 4 次）。

④ 如果输入端 12 号端口为 TRUE 时，使用当型循环结构将输出端 12 号端口至 9 号端口依次置为 FALSE，间隙 1s。如果输入端 12 号端口为 FALSE 时，使用直到型循环结构将输出端 9 号端口至 12 号端口依次置为 FALSE，间隙 1s。

任务 5.4　KRL 运动编程

5.4.1　KRL 运动编程概述

在前面的章节，我们已经学习通过联机表单对轴相关运动、沿轨迹相关运动编程。使用联机表单编程可以方便直观地编写运动指令以及更改运动参数，但无法实现离线编程，因此我们可以采用 KRL 运动编程指令实现离线编程。本节将根据轴相关运动、沿轨迹运动等联机表单内的参数设置对比讲解如何使用相关 KRL 运动编程指令编写运动程序。

5.4.2　SPTP 运动编程

SPTP 运动是指机器人的 TCP（工具坐标中心点）从一个位置以最快速轨迹运动到另一个位置，两个位置之间的路径不可预知。SPTP 运动联机表单如图 4-16 所示，联机表单参数与相关 KRL 运动编程指令（SPTP）如表 5-19 所示。

笔记

表 5-19　联机表单参数与相关 KRL 运动编程指令（SPTP）

序号	参数名称		KRL 运动编程指令
1	运动方式		SPTP
2	目标点名称	目标点位置	目标点的表示方法有三种： 1）点位名称：XP1 2）空间位置：{X 100，Y －50，Z 1500，A 0，B 0，C 90，S 3，T 35 } 3）轴坐标：{A1 0，A2 －90，A3 90，A4 0，A5 0，A6 0}
		工具坐标	＄TOOL＝TOOL_DATA[X]；工具坐标编号 X＝1～16 ＄LOAD＝LOAD_DATA[X]；与工具坐标编号相同
		基坐标	＄BASE＝BASE_DATA[X]；基坐标编号 X＝1～32
		外部 TCP	＄IPO_MODE＝ ＃BASE/ ＃TCP ＃BASE：机器人引导工具 ＃TCP：外部工具
3	目标点轨迹逼近		无轨迹逼近：空 轨迹逼近：C_SPL
4	速度		＄VEL_AXIS[X]＝30；轴 X＝1～12 单位：百分比（%）

序号	参数名称		KRL 运动编程指令
5	运动数据组	加速度	$ ACC_AXIS[X]＝100；轴 $X＝1\sim12$ 单位：百分比（%）
		圆滑过渡距离	$ APO. CDIS＝250；单位：mm
		传动装置	$ GEAR_JERK[X]＝50；轴 $X＝1\sim12$ 单位：百分比（%）

根据表 5-19KRL 运动编程指令（SPTP），编写 SPTP 运动示例程序如图 5-47 所示。

```
SPTP {X 100, Y -50, Z 1500, A 0, B 0, C 90, S 3, T 35} WITH $TOOL=TOOL_DATA[1]
$LOAD=LOAD_DATA[1] $BASE=BASE_DATA[1] $IPO_MODE=#BASE $VEL_AXIS=100
$ACC_AXIS=100 $GEAR_JERK=50 $APO_CDIS=100 C_SPL
SPTP {X 150}；向坐标 X 轴正方向移动 50mm，相关运动参数沿用上一指令
```

图 5-47　SPTP 运动示例程序

编程时如果某一参数设置与上一行指令相同可以省略不写，例如示例程序中 SPTP {X 150} 将沿用上一条指令的相关参数设置。

5.4.3　SLIN 运动编程

SLIN 运动是指机器人的 TCP 从一个位置始终保持直线轨迹运动到另一个位置，两个位置之间的路径是一条直线。SLIN 运动联机表单如图 4-47 所示，联机表单参数与相关 KRL 运动编程指令（SLIN）如表 5-20 所示。

表 5-20　联机表单参数与相关 KRL 运动编程指令（SLIN）

序号	参数名称		KRL 编程
1	运动方式		SLIN
2	目标点名称	目标点位置	目标点的表示方法有两种： 1)点位名称：XP1 2)空间位置：{X 100, Y −50, Z 1500, A 0, B 0, C 90}
		工具坐标	$ TOOL＝TOOL_DATA[X]；工具坐标编号 $X＝1\sim16$ $ LOAD＝LOAD_DATA[X]；与工具坐标编号相同
		基坐标	$ BASE＝BASE_DATA[X]；基坐标编号 $X＝1\sim32$
		外部 TCP	$ IPO_MODE＝♯BASE/♯TCP ♯BASE：机器人引导工具 ♯TCP：外部工具
3	目标点轨迹逼近		无轨迹逼近：空 轨迹逼近：C_SPL
4	速度		$ VEL. CP＝0.3；单位：m/s
5	运动数据组	加速度	$ ACC. CP＝100；单位：m/s^2
		圆滑过渡距离	$ APO. CDIS＝250；单位：mm
		传动装置	$ JERK. CP＝50；单位：m/s^3
		姿态引导	$ ORI_TYPE＝♯VAR/♯JOINT/♯CONSTANT ♯VAR：标准 ♯JOINT：手动 PTP ♯CONSTANT：姿态恒定

根据表 5-20KRL 运动编程指令（SLIN），编写 SPTP 运动示例程序如图 5-48 所示。

```
SLIN XP1 WITH $TOOL=TOOL_DATA[1] $LOAD=LOAD_DATA[1] $BASE=BASE_DATA[1]
$IPO_MODE=#BASE $VEL.CP=2 $ACC.CP=100 $JERK.CP=50 $APO_CDIS=100 $ORI_TYPE=#VAR
C_SPL
SLIN XP2
```

图 5-48 SLIN 运动示例程序

5.4.4 SCIRC 运动编程

SCIRC 运动是指机器人的 TCP 从一个位置始终保持圆弧轨迹运动到另一个位置，两个位置之间的路径是一个圆弧。SCIRC 运动联机表单如图 4-34 所示，联机表单参数与相关 KRL 运动编程指令（SCIRC）如表 5-21 所示。

表 5-21 联机表单参数与相关 KRL 运动编程指令（SCIRC）

序号	参数名称		KRL 编程
1	运动方式		SCIRC
2、3	目标点名称	辅助点/目标点位置	目标点的表示方法有两种： 1)点位名称:XP1 2)空间位置:{X 100,Y −50,Z 1500,A 0,B 0,C 90}
		工具坐标	$TOOL=TOOL_DATA[X];工具坐标编号 $X=1\sim16$
		基坐标	$LOAD=LOAD_DATA[X];与工具坐标编号相同 $BASE=BASE_DATA[X];基坐标编号 $X=1\sim32$
		外部 TCP	$IPO_MODE=#BASE/#TCP #BASE:机器人引导工具 #TCP:外部工具
4	目标点轨迹逼近		无轨迹逼近:空 轨迹逼近:C_SPL
5	速度		$VEL.CP=0.3;单位:m/s
6	运动数据组	加速度	$ACC.CP=100;单位:m/s^2
		圆滑过渡距离	$APO.CDIS=250;单位:mm
		传动装置	$JERK.CP=50;单位:m/s^3
		方向导引	$ORI_TYPE=#VAR/#JOINT/#CONSTANT #VAR:标准 #JOINT:手动 PTP #CONSTANT:姿态恒定
		圆周的方向导引	$CIRC_TYPE=#BASE/#PATH #BASE:以基准为参照 #PATH:以轨迹为参照
		辅助点的定位	$CIRC_MODE_AUX_PT.ORI=#CONSIDE/#IGNORE/#INTER-POLATE #CONSIDER:参考辅助点的姿态 #IGNORE:忽略辅助点的姿态 #INTERPOLATE:严格执行辅助点编程姿态

笔记

续表

序号	参数名称		KRL 编程
6	运动 数据组	目标点的定位	$CIRC_MODE_TARGET_PT.ORI=＃INTERPOLATE/＃EXTRAP-OLATE ＃INTERPOLATE:实际目标点与编程目标点姿态不同;实际终点与编程目标点姿态相同 ＃EXTRAPOLATE:实际目标点与编程目标点姿态相同;姿态呈递增规律变化,实际终点与编程目标点姿态完全不同
7		圆心角	(空格)CA 90(角度值)

根据表 5-21KRL 运动编程指令（SCIRC），编写 SCIRC 运动示例程序如图 5-49 所示。

```
SCIRC XP1 XP2 CA 90 WITH $TOOL=TOOL_DATA[1] $LOAD=LOAD_DATA[1]
$BASE=BASE_DATA[1] $IPO_MODE=#BASE $VEL.CP=2 $ACC.CP=100 $JERK.CP=50
$APO_CDIS=100 $ORI_TYPE=#VAR $CIRC_TYPE=#BASE $CIRC_MODE_AUX_PT.ORI=#CONSIDE
$CIRC_MODE_TARGET_PT.ORI=#INTERPOLATE C_SPL
SCIRC XP3 XP4
```

图 5-49　SCIRC 运动示例程序

5.4.5　相对运动编程

机器人运动编程根据目标点坐标可以分为相对运动编程和绝对运动编程。绝对运动编程是指编程指令目标点坐标为绝对坐标，即坐标值为目标点与当前坐标原点的差值，如图 5-50 所示；相对坐标运动编程是指编程指令目标点坐标为增量坐标，即坐标值为目标点与当前机器人 TCP 点的差值，如图 5-51 所示。

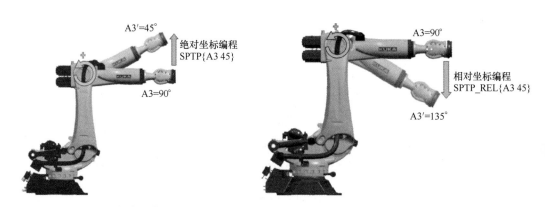

图 5-50　绝对运动编程　　　　　　　图 5-51　相对运动编程

在前面章节中，我们主要采用的编程方式是绝对运动编程。在某些实际编程应用中会涉及相对运动编程，从而简化程序的编写，本节将介绍相关相对运动编程指令，详见表 5-22。

① C _ SPL：目标点轨迹逼近；

② ＃BASE/＃TOOL：相对运动编程坐标系选择。＃BASE 为目标点坐标参考当前基坐标（默认）；＃TOOL 为目标点坐标参考当前工具坐标。

相对运动编程示例程序如图 5-52 所示。

表 5-22 相对运动编程指令介绍

序号	相对运动编程指令	说明	示例
1	SPTP_REL	A3 轴沿负方向移动 45°	SPTP_REL {A3 45}
2	SLIN_REL	TCP 沿 X 轴正方向移动 100mm,沿 Z 轴负方向移动 200mm	SLIN_REL {X 100,Z −200}
3	SCIRC_REL	圆周运动通过相对坐标的辅助点与目标点,圆心角为 500°	SCIRC_REL{X 100,Y 30,Z −20} { X 100,Y 50,Z −20} CA 500

```
SPTP XHOME
SLIN XP1
SLIN_REL{X 0, Y 500, Z 0, A 0, B 0, C 0} WITH $BASE=BASE_DATA[1] #BASE
SLIN_REL{X 400} WITH $TOOL=TOOL_DATA[1], $LOAD=LOAD_DATA[1] C_SPL #TOOL
SLIN_REL{A 20}
SPTP_REL{A3 90} C_SPL
SPTP_REL Z 50, B -30} WITH $VEL.AXIS[4]=90 C_SPL #TOOL
SPTP_REL{A1 100}
```

图 5-52 相对运动编程示例程序

任务练习 （码垛）

① 创建名为 Stacking _ XXX（XXX 为操作者名字首写）的程序。

② 创建全局子程序（Catch _ cube）从方块库中抓取方块。

③ 创建全局子程序（Back _ cube）将方块放回到方块库中。

④ 利用循环结构,从方块库中抓取 16 个方块在平台上摆放为 4×4 的形状,如图 5-53 所示。（方块大小：50mm×50mm×50mm 间隙：30mm）

⑤ 利用循环结构,将 16 个方块放回至方块库中。

图 5-53 方块码垛示例

任务 5.5 信息编程

5.5.1 信息提示概述

操作者可以通过 KUKA. HMI（示教器）的信息窗口中系统预定义的信息提示,了解机器人当前状态,但预定义的提示信息无法满足用户特定需求,故编程者可根据编程需要编写用户自定义信息提示,用于实时掌握机器人相关状态。系统已经预先定义了信息提示的结构、类型，编程者可以改变信息提示内容、选择信息提示类型、确定信息文本中的变量以及对信息提示进行相关参数设置等。

(1) 信息提示内容

信息提示内容包括信息发送人、信息编号、信息文本等，系统结构体预定义信息提示内容：KrlMsg_T。结构体预定义如图 5-54 所示，预定义说明见表 5-23。

```
STRUC KrlMsg_T CHAR Modul[24], INT Nr, CHAR Msg_txt[80]
```

图 5-54 信息提示内容预定义

表 5-23 信息提示内容预定义说明

信息提示内容	说　　明
发送人	字符型变量：Modul[24]，最多 24 个字符，显示时该信息系统置于"＜ ＞"中
信息编号	整型变量：Nr，自由选择整数，不能识别二次使用的编号
信息文本	字符型变量：Msg_txt[80]，最多 80 个字符

(2) 信息提示类型

信息提示类型包括确认、状态、提示以及等待四种信息类型，每种信息提示类型对应相应图标，无法由程序员改变。系统枚举预定义的信息类型：EKrlMsgType。枚举预定义如图 5-55 所示，预定义说明见表 5-24。

```
ENUM EKrlMsgType Notify, State, Quit, Waiting
```

图 5-55 信息提示类型预定义

表 5-24 信息提示类型预定义说明

信息提示类型	图标	说明
确认信息		♯QUIT：将该信息提示作为确认信息发出
状态信息		♯STATE：将该信息提示作为状态信息发出
提示信息		♯NOTIFY：将该信息提示作为提示信息发出
等待信息		♯WAITING：将该信息提示作为等待信息发出

(3) 信息文本中的变量

在信息文本中经常会显示一个变量值，例如机器人正在抓取第 X 个方块，X 为变量值。变量值可以是字符型、整型、实数型或者布尔型等数据类型，也可是一个关键词，或者是空白。在信息文本中用通配符（％1）来表示变量值，通配符是一个变量值类型的集合，以结构体的形式表达。通配符的数量最多为 3 个，分别用％1、％2 以及％3 表示。系统结构体预定义信息文本中的通配符（变量）：KrlMsgPar_T。通配符预定义如图 5-56 所示，预定义说明见表 5-25。

```
Enum KrlMsgParType_T Value, Key, Empty  ；枚举通配符的类型
STRUC KrlMsgPar_T KrlMsgParType_T Par_Type, CHAR Par_txt[26], INT Par_Int, REAL
Par_Real, BOOL Par_Bool
```

图 5-56　通配符预定义

（4）信息提示相关参数设置

生成一条信息提示，需要对该信息预进、信息提示的删除和记入 Log 数据库等参数进行设置。系统结构体预定义的信息提示相关参数设置：KrlMsgOpt_T。结构体预定义如图 5-57 所示，预定义说明见表 5-26。

表 5-25　通配符预定义说明

通配符类型 Par_Type		说明
♯VALUE	Par_txt[26]	将一个字符串作为变量值传递,最多 26 个字符
	Par_Int	将一个整数值作为变量值传递
	Par_Real	将一个实数值作为变量值传递
	Par_Bool	将一个布尔值作为变量值传递
♯KEY		该变量值是一个为载入相应的文本用于在信息提示数据库中进行查找的关键词
♯EMPTY		变量值是空的

```
STRUC KrlMsgOpt_T BOOL VL_Stop, BOOL Clear_P_Reset, BOOL Clear_SAW,
 BOOL Log_To_DB
```

图 5-57　信息提示相关参数设置预定义

表 5-26　信息提示相关参数设置预定义说明

信息提示相关 参数设置	说　明
VL_Stop	TRUE:触发一次预进停止,将信息提示设置为与主进指针同步 默认值:TRUE
Clear_P_Reset	TRUE:当重置或取消选择程序后,将删除所有状态、确认和等待信息 默认值:TRUE
Clear_SAW	TRUE :通过按键"选择语句"执行了语句选择后,将删除所有状态确认和等待信息 默认值:FALSE
Log_To_DB	TREU:将该信息提示记录在 Log 数据库中 默认值:FALSE

5.5.2　信息提示函数

（1）信息提示的生成函数

为了在信息窗口生成一条信息提示，KRL 语言中系统已经创建了信息提示生成函数，

如图 5-58 所示。

```
DEFFCT INT Set_KrlMsg(Type:IN, MyMessage:OUT, Parameter[ ]:OUT, Option:OUT)
DECL EKrlMsgType Type
DECL KrlMsg_T MyMessage
DECL KrlMsgPar_T Parameter[ ]
DECL KrlMsgOpt_T Option
```

图 5-58　信息提示生成函数

在信息提示生成函数编程中需定义一个整型变量存储信息提示函数（Set_KrlMsg）的返回值，用来检查程序是否成功生成了信息提示，该返回值也被称为"句柄"，如图 5-59 所示。

```
DEF MyProg( )
DECL INT handle
...
handle = Set_KrlMsg(Type, MyMessage, Parameter[ ], Option)
```

图 5-59　信息提示函数返回值

信息提示函数返回值（"句柄"）也用作信息缓存器中的识别号，这样便可检查或删除一条特定的信息提示。

handle ＝＝－1：不能生成信息提示（例如因为信息缓存器已过满）。

handle ＞ ＝0：信息提示已成功生成并以相应的识别号保存在信息缓存器中管理。

根据发出提示消息后，不再去处理与该信息相关的操作原则（"fire and forget"原则），信息成功生成则始终返回一个 handle＝0；如果使用多条信息提示，则每条信息提示必须使用或临时保存一个单独的"句柄"。

（2）信息提示的检验函数

为了检查一条带有定义"句柄"的特定信息提示是否还存在，KRL 语言中系统已经创建了信息提示检验函数，如图 5-60 所示。

笔记

```
DEFFCT BOOL Exists_KrlMsg(nHandle:IN)
DECL INT nHandle
```

图 5-60　信息提示检验函数

在信息提示检验函数编程中需定义一个布尔型变量存储信息提示检验函数（Exists_KrlMsg）的返回值（present），如图 5-61 所示。

```
DEF MyProg( )
DECL INT handle
DECL BOOL present
...
handle = Set_KrlMsg(Type, MyMessage, Parameter[ ], Option)
...
present= Exists_KrlMsg(handle)
```

图 5-61　信息提示检验函数返回值

当 present == TRUE：该信息提示还存在于信息缓存器中。

当 present == FALSE：该信息提示不再位于信息缓存器中（即已被确认或删除）。

（3）信息提示的删除函数

为了将相应的信息提示从内部信息缓存器中删除，KRL 语言中系统已经创建了信息提示的删除函数，如图 5-62 所示。

```
DEFFCT BOOL Clear_KrlMsg(nHandle:IN)
DECL INT nHandle
```

图 5-62 信息提示删除函数

在信息提示删除函数编程中需定义一个布尔型变量存储信息提示删除函数（Clear_KrlMsg）的返回值（eraser），如图 5-63 所示。

eraser == TRUE：该信息提示已删除。

eraser == FALSE：该信息提示不可删除。

```
DEF MyProg( )
DECL INT handle
DECL BOOL erase
...
handle = Set_KrlMsg(Type, MyMessage, Parameter[ ], Option)
...
eraser = Clear_KrlMsg(handle)
```

图 5-63 信息提示删除函数返回值

5.5.3 提示信息编程

提示信息适用于显示通用信息，在信息窗口显示如图 5-64 所示，可以通过"OK"或"全部 OK"键删除信息。由于提示信息不在信息缓存器管中管理，故可生成约三百万条提示信息。

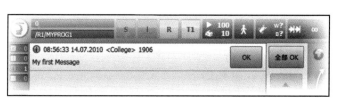

图 5-64 提示信息窗口显示

上述图 5-64 显示的提示信息，示例程序如图 5-65 所示。

5.5.4 状态信息编程

状态信息适用于显示机器人当前状态及变化，在信息窗口显示，如图 5-66 所示，由于是机器人状态显示，不可以通过"OK"或"全部 OK"键删除信息。状态信息在信息缓存器中管理，而信息提示缓冲区中最多管理 100 条信息提示，故最多可生成 100 条状态信息。

笔记

```
DECL KRLMSG_T mymessage
DECL KRLMSGPAR_T Parameter[3]
DECL KRLMSGOPT_T Option
DECL INT handle
...
mymessage={modul[] "College", Nr 1906, msg_txt[] "My first Message"}
Option={VL_STOP FALSE, Clear_P_Reset TRUE, Clear_P_SAW FALSE, Log_to_DB TRUE}
; 通配符[1..3] 为空
Parameter[1] = {Par_Type #EMPTY}
Parameter[2] = {Par_Type #EMPTY}
Parameter[3] = {Par_Type #EMPTY}
handle = Set_KrlMsg(#NOTIFY, mymessage, Parameter[ ], Option)
...
```

图 5-65 提示信息示例程序

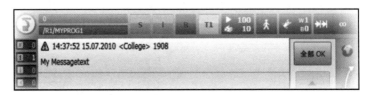

图 5-66 状态信息窗口显示

上述图 5-66 显示的状态信息，示例程序如图 5-67 所示。

```
DECL KRLMSG_T mymessage
DECL KRLMSGPAR_T Parameter[3]
DECL KRLMSGOPT_T Option
DECL INT handle
DECL BOOL present, eraser
...
IF $IN[12]==FALSE THEN
mymessage={modul[] "College", Nr 1909, msg_txt[] "My Messagetext"}
Option= {VL_STOP FALSE, Clear_P_Reset TRUE, Clear_P_SAW FALSE, Log_to_DB TRUE}
; 通配符 [1..3] 为空
Parameter[1]={Par_Type #EMPTY}
Parameter[2]={Par_Type #EMPTY}
Parameter[3] = {Par_Type #EMPTY}
handle = Set_KrlMsg(#STATE, mymessage, Parameter[ ], Option)
ENDIF
eraser=FALSE
; 用于在删除信息提示前停住程序的循环
REPEAT
IF $IN[12]==TRUE THEN
eraser=Clear_KrlMsg(handle) ; 删除信息提示
ENDIF
present=Exists_KrlMsg(handle) ; 附加检查
UNTIL NOT(present) or eraser
```

图 5-67 状态信息示例程序

5.5.5 确认信息编程

确认信息适用于显示用户必须了解的信息，在信息窗口显示如图 5-68 所示，确认信息会停止机器人程序运行，直到信息被"OK"或"全部 OK"键删除。确认信息在信息缓存器中管理，故最多可生成 100 条确认信息。

图 5-68 确认信息窗口显示

上述图 5-68 显示的确认信息，示例程序如图 5-69 所示。

```
DECL KRLMSG_T mymessage
DECL KRLMSGPAR_T Parameter[3]
DECL KRLMSGOPT_T Option
DECL INT handle DECL BOOL present
...
mymessage={modul[] "College", Nr 1909, msg_txt[] "My Messagetext"}
Option= {VL_STOP FALSE, Clear_P_Reset TRUE, Clear_P_SAW FALSE, Log_to_DB TRUE}
; 通配符[1..3] 为空
Parameter[1] = {Par_Type #EMPTY}
Parameter[2] = {Par_Type #EMPTY}
Parameter[3] = {Par_Type #EMPTY}
handle = Set_KrlMsg(#QUIT, mymessage, Parameter[ ], Option)
; 用于在删除信息提示前停住程序的循环
REPEAT
present=Exists_KrlMsg(handle)
UNTIL NOT(present)
```

图 5-69 确认信息示例程序

5.5.6 等待信息编程

等待信息适用于等待一个状态并在此过程中显示等待图标，在信息窗口显示如图 5-70 所示，等待信息可用按键"模拟"（simuliere）重新删除，不可用按键"全部 OK"重新删除。等待信息在信息缓存器中管理，故最多可生成 100 条等待信息。

图 5-70 等待信息窗口显示

上述图 5-70 显示的等待信息，示例程序如图 5-71 所示。

```
DECL KRLMSG_T mymessage
DECL KRLMSGPAR_T Parameter[3]
DECL KRLMSGOPT_T Option
DECL INT handle
DECL BOOL present, eraser
...
IF $IN[12]==FALSE THEN
mymessage={modul[] "College", Nr 1909, msg_txt[] "My Messagetext"}
Option= {VL_STOP FALSE, Clear_P_Reset TRUE, Clear_P_SAW FALSE, Log_to_DB TRUE}
; 通配符 [1..3] 为空
Parameter[1] = {Par_Type #EMPTY}
Parameter[2] = {Par_Type #EMPTY}
Parameter[3] = {Par_Type #EMPTY}
handle = Set_KrlMsg(#WAITING, mymessage, Parameter[ ], Option) ENDIF
eraser=FALSE
; 用于在删除信息提示前停住程序的循环
REPEAT
IF $IN[12]==TRUE THEN
eraser=Clear_KrlMsg(handle)
ENDIF
present=Exists_KrlMsg(handle)
UNTIL NOT(present) or eraser
```

图 5-71　等待信息示例程序

5.5.7　对话信息编程

对话信息内容包括对话信息内容、按键标注方式以及按键注释等，系统结构体预定义对话信息内容同信息提示内容，不再赘述。系统结构体预定义对话信息按键内容：KrlMsgDlgSK_T。结构体预定义如图 5-72 所示，预定义说明见表 5-27。

```
Enum KrlMsgParType_T Value, Key, Empty
Struc KrlMsgDlgSK_T KrlMsgParType_T Sk_Type, Char SK_txt[10]
```

图 5-72　对话信息按键内容预定义

表 5-27　对话信息按键内容预定义说明

对话信息内容	说　　明
KrlMsgParType_T Sk_Type	按键标注方式作为 ENUM 的枚举数据类型 1）#VALUE：参数直接以传递的形式代入信息文本中 2）#KEY：该参数是一个为载入相应的文本用于在信息提示数据库中进行查找的关键词 3）#EMPTY：按键未配置
Char SK_txt[10]	每个按键注释字符，最多可配 10 个字符

对话信息适用于显示对话窗口由操作员选择程序执行，在信息窗口显示如图 5-73 所示，对话信息需要操作员选择相应的对话按键，程序方可继续执行。对话信息在信息缓存器中管理，故最多可生成 100 条对话信息。

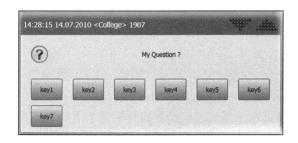

图 5-73　对话信息窗口显示

上述图 5-73 显示的对话信息，示例程度如图 5-74 所示。

```
DECL KRLMSG_T myQuestion
DECL KRLMSGPAR_T Parameter[3]
DECL KRLMSGDLGSK_T Softkey[7] ；准备 7 个可能的软键
DECL KRLMSGOPT_T Option
DECL INT handle, answer
DECL BOOL present
...
myQuestion={modul[] "College", Nr 1907, msg_txt[] "My Question?"}
Option= {VL_STOP FALSE, Clear_P_Reset TRUE, Clear_P_SAW FALSE, Log_to_DB TRUE}
；通配符 [1..3] 为空
Parameter[1] = {Par_Type #EMPTY}
Parameter[2] = {Par_Type #EMPTY}
Parameter[3] = {Par_Type #EMPTY}
softkey[1]={sk_type #value, sk_txt[] "key1"} ；按键 1
softkey[2]={sk_type #value, sk_txt[] "key2"} ；按键 2
softkey[3]={sk_type #value, sk_txt[] "key3"} ；按键 3
softkey[4]={sk_type #value, sk_txt[] "key4"} ；按键 4
softkey[5]={sk_type #value, sk_txt[] "key5"} ；按键 5
softkey[6]={sk_type #value, sk_txt[] "key6"} ；按键 6
softkey[7]={sk_type #value, sk_txt[] "key7"} ；按键 7
...
handle = Set_KrlDlg(myQuestion, Parameter[ ],Softkey[ ], Option)
answer=0
REPEAT ；用于在回答对话前停住程序的循环
present = Exists_KrlDlg(handle ,answer) ；回答由系统写入
UNTIL NOT(present)
...
SWITCH answer
CASE 1 ；按键 1
...；按键 1 的操作
...
CASE 7 ；按键 6
...；按键 7 的操作
ENDSWITCH
END
```

图 5-74　对话信息示例程序

 **任务练习**（信息编程）

在本章任务 5.4 中，码垛程序 Stacking _ XXX（XXX 为操作者名字首写）的程序编写以下信息提示以及对话信息。

① 编写状态信息，显示机器人当前抓取的是第几个方块，程序参见图 5-70 状态信息示例程序。

② 编写对话信息，选择第 1～4 个块中的任意一个放回方块库中，程序参见图 5-76 对话信息示例程序。

任务 5.6 切换函数

5.6.1 切换函数概述

为了实现外围设备与机器人控制系统进行通信，可以使用数字量和模拟量的输入、输出端。在本书任务 4.5 已经讲解使用联机表单管理这些输入、输出端，本节我们将使用 KRL 语言对输入、输出端切换函数编程以及对触发器、条件停止、恒速运动区域编程。

5.6.2 简单切换函数

(1) 输出端切换指令

输出端切换指令介绍见表 5-28。

表 5-28 输出端切换指令介绍

指令名称	指令	说明	程序示例
带预进停止的切换	$ OUT[1－4096]＝TRUE/FALSE	有预进停止,不能轨迹逼近	图 5-75
带预进的切换	CONTINUE $ OUT[1－4096]＝TRUE/FALSE	无预进停止,切换会提前进行	图 5-76
用主进指针的切换	$ OUT[1－4096]_C＝TRUE/FALSE	无预进停止,在轨迹逼近中点切换	图 5-77

```
...
SLIN XP20
SLIN XP21 C_SPL
$OUT[30]=TRUE
SLIN XP22
```

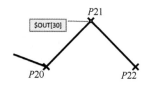

图 5-75 带预进停止的切换

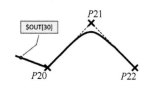

```
...
SLIN XP20
SLIN XP21 C_SPL
CONTINUE
$OUT[30]=TRUE
SLIN XP22
```

图 5-76 带预进的切换

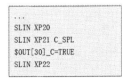
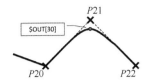

图 5-77　用主进指针的切换

(2) 输出端脉冲指令

输出端脉冲是指在指定时间段将输出端设置为定义的电平，指定时间段后系统自动复位该输出端，脉冲指令会触发预进停止，脉冲指令说明见表 5-29，示例程序如图 5-78 所示。

表 5-29　脉冲指令说明

脉冲指令	PULSE(Signal，Pegel，Impulsdauer)
参数名称	说明
Signal(信号)	应施加在脉冲的输出端。例如：$OUT[12]
Pegel(电平)	施加的脉冲电平:高/低。例如:TRUE/FALSE
Impulsdauer(脉冲宽度)	施加的脉冲的时间,单位:s(秒)。例如:3

```
DEF MY_PORG
INI
PULSE($OUT[12], TRUE, 3) ; 12 号输出端输出 3 秒钟高电平
END
```

图 5-78　脉冲指令示例程序

如果在结束指令之前编程设定了一个脉冲，则程序运行时间将相应延长，如果在脉冲激活状态将程序复位（RESET）或中断（CANCEL），则脉冲将立即复位。

5.6.3　使用 KRL 触发器编程

触发器是指在特定条件满足时触发一个由用户定义的指令，机器人在运动的同时执行该指令。触发器指令说明见表 5-30，触发器示例程序如图 5-79 所示。

表 5-30　触发器指令说明

触发器指令	TRIGGER WHEN PATH= DISTANCE < ONSTART> DELAY= TIME DO IN-STRUCTIONS < PRIO= INT>
参数名称	说明
DISTANCE(距离)	触发点离参照点的距离 正值:朝运动结束方向移动;负值:朝运动起始方向移动
ONSTART	以起始点为参照:有 ONSTART; 以目标点为参照:无 ONSTART
TIME(时间)	触发点离参照点的时间 正值:朝运动结束时间方向移动;负值:朝运动起始时间方向移动
INSTRUCTIONS (指令)	*.DAT 文件中已声明的变量赋值:例如 value=12 简单切换函数:例如 $OUT[12]=TRUE 或 PULSE($OUT[12],TRUE,3) 调用子程序(必须声明子程序优先级):例如 Catch_Cube( )PRIO=3

```
DEF MY_PORG
INI
SPTP HOME Vel=30% PDAT5 Tool[1] Base[1]
SPTP P1 Vel=30% PDAT5 Tool[1] Base[1]
SPLINE
SPL P2
TRIGGER WHEN PATH=0 ONSTART DELAY=10 DO $OUT[5]=TRUE
SCIRC P3, P4
TRIGGER WHEN PATH=-20.0 DELAY=0 DO SUBPR_2() PRIO=-1
SLIN P5
ENDSPLINE
END


DEF SUBPR_2( )
...
END
```

图 5-79　触发器指令示例程序

5.6.4　使用 KRL 条件停止编程

条件停止是指满足特定条件时，机器人在轨迹上的停止位置。条件停止指令说明见表 5-31，条件停止指令示例程序如图 5-80 所示。

表 5-31　条件停止指令说明

条件停止指令	STOP WHEN PATH= DISTANCE < ONSTART> IF CONDITION		
参数名称	说明
DISTANCE(距离)	触发点离参照点的距离 正值:朝运动结束方向移动;负值:朝运动起始方向移动
ONSTART	以起始点为参照:有 ONSTART; 以目标点为参照:无 ONSTART
CONDITION(条件)	全局布尔变量:例如 ERROR＝FLASE 信号名称:例如 $IN[12] 比较:A>＝B 简单的逻辑连接(NOT、OR、AND 或 EXOR):例如 ERROR1 AND ERROR2

```
DEF MY_PORG
INI
SPTP HOME Vel=30% PDAT5 Tool[1] Base[1]
SPTP P1 Vel=30% PDAT5 Tool[1] Base[1]
STOP WHEN PATH = -30 IF $IN[20]==TRUE ;如果输入端 20 为 TRUE，则在 P2 前 30mm 处停止
SPTP P2 Vel=30% PDAT5 Tool[1] Base[1]
SPTP P3 Vel=30% PDAT5 Tool[1] Base[1]
END
```

图 5-80　条件停止指令示例程序

5.6.5 使用 KRL 恒速运动区域编程

恒速运动区域是指机器人在样条组运动编程时，在运动轨迹上设定一段严格保持编程速度的轨迹区域。恒速运动区域指令说明见表 5-32，恒速运动区域指令示例程序如图 5-81 所示。

表 5-32 恒速运动区域指令说明

恒速运动区域指令	CONST_VEL START= DISTANCE < ONSTART> ；指令 CONST_VEL END= DISTANCE < ONSTART>
参数名称	说明
DISTANCE(距离)	触发点离参照点的距离 正值：朝运动结束方向移动；负值：朝运动起始方向移动
ONSTART	以起始点为参照：有 ONSTART；以目标点为参照：无 ONSTART

```
DEF MY_PORG
INI
SPTP HOME Vel=30% PDAT5 Tool[1] Base[1]
SPLINE WITH $VEL.CP = 2.5
SLIN P1
CONST_VEL START = +100 ONSTART
SPL P2 WITH $VEL.CP = 0.5
SLIN P3 WITH $VEL.CP = 0.2
SPL P4 WITH $VEL.CP = 0.4
CONST_VEL END = -50
SLIN P7
ENDSPLINE
END
```

图 5-81　恒速运动区域指令示例程序

任务练习（样条组逻辑编程）

① 创建名为 Switch _ XXX（XXX 为操作者名字首写）的程序。

② 编写如图 5-82 所示的样条曲线运动（样条曲线的起点是 P1 点，终点是 P26 点）

③ 在 P3 点，使用 KRL 触发器编程，当机器人输入端为 ＄IN[9]＝＝ TRUE 时，机器人输出端为 ＄OUT[9]＝TRUE。

④ 在 P7 点，使用 KRL 触发器编程，当机器人输入端为 ＄IN[9]＝＝ FALSE 时，机器人输出端为 ＄OUT[9]＝FALSE。

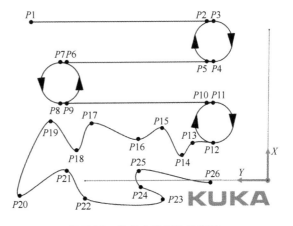

图 5-82　样条曲线运动示意图

⑤ 在 $P11$ 点，使用 KRL 条件停止编程，当机器人输入端为 $IN\ [10]\ ==TRUE$ 时，机器人停止运动。

⑥ 在 $P16\sim P23$ 点，使用 KRL 记录恒速运动编程，使机器人在该段内恒速运动。

任务 5.7 中断编程

5.7.1 程序中断概述

程序中断是指机器人控制器执行现行程序的过程中，出现某些特殊请求，控制器暂时终止现行程序，而转去执行一个预定义的子程序（中断程序），在子程序执行完毕后返回原来的程序继续执行，程序中断示例如图 5-83 所示。KUKA 机器人控制器最多允许同时声明 32 个中断，在同一时间最多激活 16 个中断。

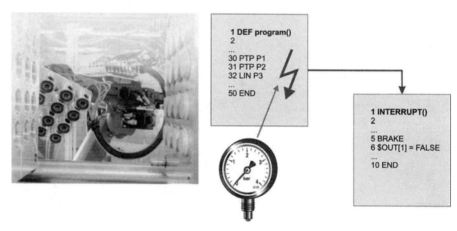

图 5-83 程序中断示例

5.7.2 中断声明

要在机器人程序中执行中断，需要在程序开始时预先声明该中断，声明时必须注意中断原则上在主程序中进行声明（见图 5-84 中断 4、8），如果在子程序中申明中断则必须设

```
DEF MAIN( )
INI
...
INTERRUPT DECL 4 WHEN $IN[12]==TRUE
DO INTERRUPT_PROG(20,VALUE)
INTERRUPT DECL 8...
...
SUB( )
...
END
```

(a)

```
DEF SUB( )
INI
...
INTERRUPT DECL 23...
GLOBAL INTERRUPT DECL 5...
...
SUB( )
...
END
```

(b)

图 5-84 中断声明示例程序

为全局中断，在声明前应添加关键词 GLOBAL（见图 5-84 中断 5），否则控制器无法识别（见图 5-84 中断 23）。

在中断声明时，还必须确定该中断的优先级。当多个中断同时被激活时，控制器先执行优先级最高的中断，再根据优先级顺序依次执行。控制系统提供了 1、2、4～39 和 81～128 等优先级供编程者选择，但优先级 3 和 40～80 预留给系统应用，例如触发器、急停等。在选用优先级时，优先级 1、2 建议不使用（急停优先级为 3，一般中断不高于急停的优先级），中断优先级示意图如图 5-85 所示。

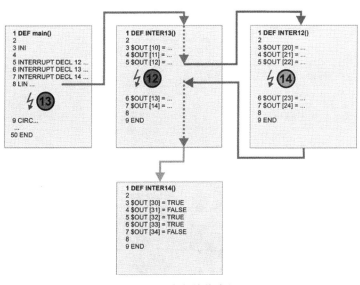

图 5-85 中断的优先级

5.7.3 中断激活

中断声明后，只有激活中断机器人控制器才能对预定义的中断事件作出反应。中断激活相关指令说明见表 5-33，中断激活示例程序如图 5-86 所示。

表 5-33 中断激活相关指令说明

指令	说明
INTERRUPT ON	激活一个中断
INTERRUPT OFF	取消激活一个中断

```
DEF MAIN( )
INI
...
INTERRUPT DECL 20 WHEN $IN[22]==TRUE DO SAVE_POS( )
...
INTERRUPT ON 20 ；中断被激活，中断条件满足（$IN[22]==TRUE）时执行中断。
...
INTERRUPT OFF 20 ；中断已关闭
...
END
```

图 5-86 中断激活示例程序

注：指令后需要添加中断编号（即中断优先级）。如果省略，编号指令针对所有已经声明的中断。程序中断是由状态的转换而触发的，即对于 $IN[22]==TRUE 而言，信号状态由 FALSE 变为 TRUE 时，触发中断；但在中断激活（INTERRUPT ON）时，若信号状态已经是 TRUE，无法触发中断。

5.7.4 中断禁止

中断禁止是指机器人在运行中断禁止程序段时中断条件满足也不执行中断，只是保留中断信息，当机器人运行完该程序段后再开始执行中断程序。中断禁止相关指令说明见表 5-34，中断禁止示例程序如图 5-87 所示。

表 5-34 中断禁止相关指令说明

指令	说　明
INTERRUPT DISABLE	禁止一个中断
INTERRUPT ENABLE	开通一个原本禁止的中断

注：指令后需要添加中断编号（即中断优先级）。如果省略，编号指令针对所有激活的中断。

```
DEF MAIN( )
INI
...
INTERRUPT DECL 20 WHEN $IN[22]==TRUE DO SAVE_POS( )
...
INTERRUPT ON 20
...
INTERRUPT DISABLE 20 ；中断被识别和保存，但未被执行
...
INTERRUPT ENABLE 20 ；在此程序段后，执行被保存的中断
...
INTERRUPT OFF 20 ；中断已关闭
...
END
```

图 5-87　中断禁止示例程序

笔记

5.7.5 中断位置系统变量

中断发生时，控制器会记录发生中断时机器人的位置，以及中断发生后机器人的停机位置等，这些具体位置信息会存储在相关系统变量内，具体如图 5-88 所示。

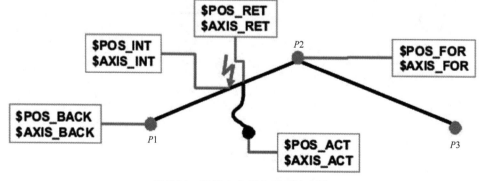

图 5-88　机器人中断位置系统变量

5.7.6　中断后机器人的制动

当机器人中断被触发时，需要让机器人在当前运动轨迹上停止，转而执行中断程序。制动机器人有两种指令方式，相关说明如表5-35所示。

表5-35　制动机器人指令说明

指令	说　　明
BREAK	执行中断程序后返回制动位置继续执行原有程序
RESUME	执行中断程序后不返回制动位置，依据取消中断激活后的程序重新规划轨迹，并沿该轨迹运动

 注意

① 在使用 BRAKE 和 RESUME 中断的程序时，原则上要在子程序中编程。

② 中断一旦声明为 GLOBAL，则不允许在中断例程中使用 RESUME。

③ 在出现 RESUME 指令时，预进指针不允许在声明中断的层面里，而必须至少在下一级层面里；RESUME 将中断在声明当前中断的层面以下的所有运行中的中断程序和所有运行中的子程序。

④ RESUME 重新规划轨迹时，以取消中断激活后的程序运动方式为依据。如果是轴相关运动，则规划轨迹时采用 SPTP 轴相关运动方式；如果是轨迹相关运动，则规划轨迹时采用 SLIN 沿轨迹相关运动方式。

综合上述注意事项，中断编程建议采用三段式，即声明中断的主程序、激活中断的子程序以及中断发生时调用的中断程序，中断编程示例程序如图5-89所示。

```
DEF MY_PROG( )
INI
INTERRUPT DECL 25 WHEN $IN[99]==TRUE DO ERROR( )
SEARCH( )
END
_____

DEF SEARCH( )   ;为了能够中断，必须在子程序中执行运动。
INTERRUPT ON 25
SPTP HOME
SPTP XP1 SPTP XP2
SPTP XHOME
WAIT SEC 0  ;预进指针必须留在子程序中
INTERRUPT OFF 25
END
_____

DEF ERROR( )
BRAKE ；停止机器人
PTP $POS_INT ；机器人返回至中断发生位置
；RESUME （如果机器人不返回制动位置，需要重新规划轨迹，才添加该指令）
END
```

图5-89　中断编程示例程序

笔记

任务练习（中断编程练习）

① 创建名为 Interrupt_XXX（XXX 为操作者名字首写）的程序。

② 利用传感器，编写在工作平台上（500mm×360mm）搜索定位方块（方块尺寸：50mm×50mm×50mm）的程序，如图 5-90 所示。（KUKA 机器人标准教学工作站传感器为 27 号数字输入/输出端）

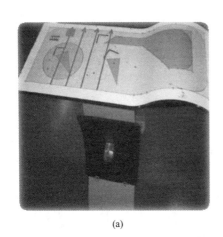
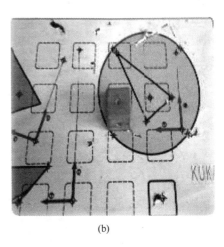

(a)　　　　　　　　　　(b)

图 5-90　搜索程序示例

③ 使用中断编程，在机器人搜索到定位方块后中断搜索程序的执行，利用中断位置（$POS_INT）记录方块位置（X 和 Y 方向），机器人回到 HOME 点。

④ 机器人从方块库中抓取一个方块，将其堆放到定位方块上。

任务 5.8　模拟量编程

5.8.1　模拟量概述

模拟量是指变量在一定范围连续变化的量，如图 5-91 所示。KUKA 机器人控制系统提供了 32 个模拟量输入端（$ANIN[1]-$ANIN[32]）和 32 个模拟量输出端（$ANOUT[1]-$ANOUT[32]）。模拟量信号每隔 12ms 刷新一次，$ANIN[NR]/$ANOUT[NR] 的值在−1.0～1.0 变化，表示−10V～+10V 的电压。

图 5-91　模拟量信号

5.8.2　输入模拟量取值

输入模拟量取值分为动态取值和静态取值两种，取值方法详见表 5-36。

表 5-36 KRL 语言输入模拟量取值方法介绍

取值方法		指令	程序示例
静态取值	直接取值	实数型变量＝$ ANIN[NR]	... DECL REAL value value＝$ ANIN[12] ...
	给信号声明取值	SIGNAL 信号名称 $ ANIN[NR] 实数型变量＝信号名称	... DECL REAL value SIGNAL sensor $ ANIN[12] value＝sensor ...
动态取值		SIGNAL 信号名称 $ ANIN[NR] ANIN ON 实数型变量＝系数×信号名称＜±偏量＞ ... ANIN OFF 信号名称	... DECL REAL value SIGNAL sensor $ ANIN[12] ANIN ON value＝1.2 * sensor−0.75 ... ANIN OFF sensor

5.8.3 输出模拟量赋值

输出模拟量赋值分为动态赋值和静态赋值两种。赋值方法详见表 5-37。

表 5-37 KRL 语言输出模拟量赋值方法介绍

赋值方法		指令	程序示例
静态赋值	直接赋值	$ ANOUT[NR]＝实数型常量	... $ ANOUT[12]＝−0.8 ...
	借助变量赋值	实数型变量＝实数型常量 $ ANOUT[NR]＝实数型变量	... DECL REAL value value＝−0.8 $ ANOUT[12]＝value ...
动态赋值		SIGNAL 信号名称 $ ANOUT[NR] ANOUT ON 信号名称＝系数×输出值（常数、变量或信号名称）＜±偏量＞ ＜DELAY＝±推迟/提前发出信号的时间（单位：s）＞ ＜MINIMUM ＝ 模拟量最小值 ＞ ＜MAXI-MUM ＝ 模拟量最大值 ＞ ... ANOUT OFF 信号名称	... DECL REAL value SIGNAL motor $ ANOUT[12] ANOUT ON motor ＝ 1.2 * $ VEL_ACT −0.75 DELAY＝0.5 MINIMUM ＝0.3 MAXIMUM＝0.97 ... ANOUT OFF motor

5.8.4 SUBMIT 解释器

在机器人控制系统中有机器人程序解释器和 SUBMIT 解释器，SUBMIT 解释器与具有更高的优先级的机器人程序解释器共享系统功率，故有可能 SUBMIT 解释器不会定期在机器人控制系统的 12ms 插值周期内连续运行，所以 SUBMIT 解释器不能用于对时间要求严格的应用场合。

SUBMIT 解释器在后台一直运行一个并行控制程序，如图 5-92 所示，我们可将一些要求实时更新的指令写入该程序，便可实现时间要求不严格的指令实时更新，例如通过模拟输入量实时改变机器人程序运行速度等。实时更新的指令不能是与机器人运动相关指令以及时间等待指令。

```
DEF SPS( )
DECL ARATIONS
INI
LOOP
    WAIT FOR NOT($POWER_FAIL)
    TORQUE_MONITORING( )
    BACKUPMANAGER PLC
    GRIPPERTECH PLC
    USER PLC
;Make your modifications here

ENDLOOP
END
```

图 5-92　SUBMIT 解释器运行的控制程序

在编写 SUBMIT 解释器运行的控制程序时，我们必须停止运行 SUBMIT 解释器。SUBMIT 解释器运行状态见表 5-38，SUBMIT 解释器停止/启动运行操作步骤见表 5-39。

表 5-38　SUBMIT 解释器运行状态

S	S	S
SUBMIT 解释器正在运行	SUBMIT 解释器停止	反选 SUBMIT 解释器

表 5-39　SUBMIT 解释器停止/启动运行操作步骤

步骤	具体操作	图　　例
1	单击"KUKA 菜单"键，选择配置，选择用户组；选择专家用户组，输入密码：kuka，单击"登录"键完成登录	

续表

步骤	具体操作	图　例
2	单击"SUBMIT 解释器状态图标";选择"取消选择"栏停止。SUBMIT 解释器运行	
3	单击"SUBMIT 解释器状态图标";选择"选择/启动"栏运行 SUBMIT 解释器	

任务练习（模拟量练习）

① 创建名为 Analog _ XXX（XXX 为操作者名字首写）的程序。

② 编写机器人绘制三角形程序。

③ 定义实数型全局变量（myanalog），在绘制三角形时将机器人模拟量 $ANIN[1]$ 动态赋值给全局变量。

④ 利用 SUBMIT 解释器后台控制程序（SPS），将实数型全局变量（myanalog）值放大 100 倍后赋值给速度调节系统变量（OV_PRO），注意 OV_PRO 为整型变量，这里赋值为强制实数型变量转换为整型变量，数值会四舍五入。$OV \_ PRO$ 的值域为 1~100，超过值域范围 SUBMIT 解释器会报错。

笔记

⑤ 运行程序，并调节模拟量输入值的大小，实现用模拟量调节机器人运动速度。

课后作业 <<<

一、选择题

1. 在 KUKA 机器人编程语言（KRL）中，自定义变量符合命名规范的是（　　）

A. OUT　　　　　B. mypos1　　　　　C. 23P　　　　　D. _ 2a

2. 在 KRL 中，能够触发预进停止的指令是（　　）

A. OUT　　　　　B. CONT　　　　　C. WAIT　　　　　D. WAIT FOR

3. 在 KRL 中，声明结构体的指令是（　　）

A. DECL BOOL error [10]

B. ENUM COLOR _ TYPE RED，ORANGE，YELLOW

C. STRUC FRAME REAL X，Y，Z，A，B，C

D. DECL CONST INT MAX _ SIZE=99

4. INT A，B，C REAL D A=10 B=A/3 D=10.68 C=D，B 和 C 的值为（　　　）

A. B=4 C=11　　　　　　　　　B. B=3 C=10

C. B=4 C=10　　　　　　　　　D. B=3 C=11

5. 机器人从当前位置以 0.2m/s 的速度直线运动到 P1 点，正确的 KRL 运动编程指令为（　　　）

A. SPTP XP1 WITH　$ VEL_AXIS=20

B. SLIN P1 WITH　$ VEL_CP=0.2

C. SLIN XP1 WITH　$ VEL_CP=0.2

D. SLIN XP1 WITH　$ VEL_CP=0.2 $ APO_CDIS=100 C_SPL

6. 信息提示中等待信息图标为（　　　）

A. ⊗　　　　B. ⚠　　　　C. ⓘ　　　　D. ◀

二、填空题

1. 规范的程序结构，便于编程人员对程序的理解。常用的结构化编程技巧有_____、_____、_____以及_____。

2. 在 KRL 语言中变量可以在_____、_____以及_____文件中进行声明。

3. 布尔型变量 K、L 和 M，当 K = TRUE，L = NOT K，M = (K EXOR L) OR (K AND L) 时，M=_____。

4. 循环结构是指在程序中需要反复执行某个功能而设置的一种程序结构，在 KRL 中有_____、_____、_____以及_____四种循环结构。

5. 在 KRL 语言中 TCP 沿 X 轴正方向移动 100mm，运动指令为_____。

6. 在 KRL 语言中外部 TCP 的设置指令为_____。

7. 信息提示类型包括_____、_____、_____以及_____四种信息类型。

8. 中断发生时，控制器会记录机器人发生中断时机器人位置，中断位置系统变量为_____。

三、判断题

1. 在"专家"用户组，一个 MODUL 程序文件会转化为以 * . SRC 和 * . DAT 为扩展名的两个文件。（　　　）

2. 在"用户"用户组，可以定义并初始化变量。（　　　）

3. 参数传递时变量可以是任意类型，传递过程中只需在主程序中声明该变量。（　　　）

4. 在 KUKA 机器人编程语言（KRL）中是严格区分字母大小写的。（　　　）

5. 数组声明时，可以省略 DECL 指令，但必须确定数组的大小以及数据类型。（　　　）

6. KUKA 机器人控制器最多允许同时声明 32 个中断，在同一时间最多激活 16 个中断。（　　　）

7. 当型循环是指在循环体执行前进行判断的，条件（Condition）满足进入循环，否则结束循环的循环结构，故也被称为前测试循环。（　　　）

四、解答题

1. 简述全局子程序和局部子程序的区别。

2. 利用 KRL 运动编程完整编写 TCP 从当前位置以 0.2m/s 的速度直线运动到 P1 点的程序，工具/基坐标为 1 号坐标，无轨迹逼近，其余参数为默认参数。

3. 简述"STATE"（状态）和"WAITING"（等待）信息提示的区别。

4. 简述发生中断后制动机器人指令 BREAK 和 RESUME 的区别。

笔记

项目 ⑥

工业机器人外部自动运行

外部自动运行认知

工业机器人外部自动运行

输入/输出接口配置 —— 输入/输出端
外部自动运行接口配置

外部自动运行控制程序 —— CELL程序结构
CELL程序段说明
CELL文件编辑

启动外部自动运行

外部自动运行中断后恢复 —— 接通驱动装置
确认信息
外部启动CELL程序

笔记

项目导入

　　外部自动运行是使用上级控制器（如 PLC 等）通过外部自动运行接口来控制机器人的进程。本项目主要介绍外部自动运行接口的配置方法、外部自动运行的启动方法以及外部自动运行中断后的恢复方法等。

学习目标

❶ 知识目标
➤ 理解工业机器人外部自动运行的必要条件
➤ 理解外部自动运行输入/输出的含义
➤ 掌握 CELL 程序的结构和运行原理
➤ 掌握外部自动运行的启动步骤

➤ 掌握外部自动运行中断后的恢复方法
❷ 技能目标
➤ 能编写 CELL 程序
➤ 能配置外部自动运行接口
➤ 能启动外部自动运行
➤ 能在中断后恢复外部自动运行

任务 6.1　外部自动运行认知

外部自动运行是通过上级 PLC 来控制机器人的进程，运行前提条件是机器人和 PLC 之间能进行通信以传递机器人的进程信号。为了使机器人和上级 PLC 进行通信，必须满足以下几点。

① 机器人和 PLC 之间必须有物理上存在且已配置的现场总线，如以太网。

② 机器人的进程信号通过现场总线传输，而传输过程则通过外部自动运行接口协议中可配置的数字输入和输出端来实现。

• 发送至机器人的控制信号（输入端）：上级控制系统通过外部自动运行接口向机器人控制系统发出机器人进程的相关信号（如运行许可、故障确认、程序启动等）。

• 机器人状态（输出端）：机器人控制系统向上级控制系统发送有关运行状态和故障状态的信息。

③ 已编写外部自动运行控制程序（CELL.SRC），该程序可以读取上级 PLC 传递的输入参数，从而实现从外部选择运行机器人的用户程序。

④ 选择外部自动运行方式（EXT 运行方式），在该运行方式下由一台主机或者 PLC 来控制机器人系统。

在 PLC 和机器人能进行通信的前提下，就可以进行外部自动运行操作，这包含两方面的内容：外部自动运行启动以及外部自动运行中断后的恢复，如图 6-1 所示。

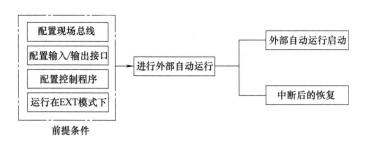

图 6-1　外部自动运行

本项目以 KUKA 机器人标准教学工作站为例，工作站已完成现场总线配置，因此本节主要介绍输入/输出接口配置方法、控制程序（CELL.SRC）配置方法、外部自动运行的启动方法及外部自动运行中断后的恢复方法。

任务 6.2　输入/输出接口配置

6.2.1　输入/输出端

外部自动运行的输入/输出接口如图 6-2 所示。

(1) 输入端

输入端是机器人接收外部设备的信号端口，系统输入端信号及变量见表 6-1。

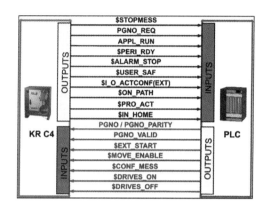

图 6-2　外部自动运行的输入/输出接口

表 6-1　输入端信号说明

序号	名称	长文本	端口说明
1	PGNO_TYPE	程序号类型	确定程序编号的数据类型，取值说明见表 6-2
2	PGNO_LENGTH	程序号长度	确定程序编号的位宽，取值范围 1～16；当 PGNO_TYPE 的值为 2 时，则只允许位宽为 4、8、12 和 16
3	PGNO_PARITY	奇偶位	上级控制系统传递奇偶位的输入端，取值说明见表 6-3
4	PGNO_VALID	程序号有效	上级控制系统通过该端口传递读取程序号的指令，说明详见表 6-4
5	$ EXT_START	外部启动	如果设定了该输入端，端口激活时将启动或继续一个程序(一般为 CELL.SRC)
6	$ MOVE_ENABLE	允许运行	该输入端用于由上级控制器对机器人驱动器进行检查
7	$ CONF_MESS	确认信息提示	通过给该输入端赋值，当故障原因排除后，上级控制器将自行确认故障信息
8	$ DRIVES_ON	驱动装置接通	在此输入端上持续施加 20ms 以上高脉冲，上级控制系统会接通机器人驱动装置
9	$ DRIVES_OFF	驱动装置关闭	在此输入端上持续施加 20ms 以上低脉冲，上级控制系统会关断机器人驱动装置

表 6-1 中的 PGNO_TYPE、PGNO_PARITY 以及 PGNO_VALID 变量取值说明详见表 6-2、表 6-3、表 6-4。

① PGNO_TYPE 变量

PGNO_TYPE 变量取值说明见表 6-2。

笔 记

表 6-2　PGNO_TYPE 变量取值说明

值	说明	示例
1	以二进制数值读取,上级控制系统以二进制编码整数值的形式传递程序编号	程序编号输入:00100111,则 PGNO=39
2	以 BCD 值读取,上级控制系统以二进制编码小数值的形式传递程序编号	程序编号输入:00100111,则 PGNO=27
3	以"N 选 1"的形式读取,上级控制系统或外围设备以"N 选 1"的编码值传递程序编号	程序编号输入:00000001,则 PGNO=1 程序编号输入:00001000,则 PGNO=4

注:采用"N 选 1"传递格式时,未对 PGNO_REQ(程序号问询,详见输出端信号)、PGNO_PARITY 以及 PGNO_VALID 的值进行分析,因此无意义。

② PGNO_PARITY 变量

PGNO_PARITY 变量取值说明见表 6-3。

表 6-3　PGNO_PARITY 变量取值说明

输　入　值	功　能
负值	奇校验
0	无分析
正值	偶校验

③ PGNO_VALID 变量

PGNO_VALID 变量取值说明见表 6-4。

表 6-4　PGNO_VALID 变量取值说明

输入值	功　能
负值	在信号的脉冲下降沿应用编号
0	在线路 EXT_START 处随着信号的脉冲上升沿应用编号
正值	在信号的脉冲上升沿应用编号

(2) 输出端

输出端是机器人向上级控制系统发送的系统信号,详细说明详见表 6-5。

笔 记

表 6-5　输出端信号说明

序号	名称	长文本	端口说明
1	$ ALARM_STOP	紧急停止	当按下了库卡控制面板(KCP)上的紧急停止按键或外部紧急停止按键时,该输出端复位
2	$ USER_SAF	操作人员防护装置/防护门	在 AUT 模式下,打开护栏开关,该输入端复位 在 T1 或 T2 模式下,放开确认开关,该输入端复位
3	$ PERI_RDY	驱动装置处于待机状态	机器人控制系统通过设定此输出端,通知上级控制系统机器人驱动装置已接通
4	$ STOPMESS	停止信息	机器人控制系统通过设定此输出端,以向上级控制器显示一条要求停住机器人的信息提示(例如:紧急停止按键、运行开通或打开操作人员防护装置)
5	$ I_O_ACTCONF	外部自动运行激活	选择了外部自动运行方式并且输入端 $I_O_ACT(一般始终设为 $IN[1025])为 TRUE,该输出端赋值为 TRUE
6	$ PRO_ACT	程序激活/正在运行	当一个机器人层面上的过程激活时,始终给该输出端赋值。在处理一个程序或中断时,过程为激活状态。程序结束时的程序处理:只有在所有脉冲输出端和触发器均处理完毕之后才视为未激活

续表

序号	名称	长文本	端口说明
7	$ PGNO_REQ	程序号问询	在该输出端信号变化时,要求上级控制器传送一个程序号。如果 PGNO_TYPE 值为 3,则 PGNO_REQ 不被分析
8	$ APPL_RUN	应用程序 在运行中	机器人控制系统通过设置此输出端来通知上级控制系统机器人正在处理有关程序
9	$ IN_HOME	机器人位于起始 位置(HOME)	该输出端通知上级控制器机器人正位于其起始位置(HOME)
10	$ ON_PATH	机器人位于 轨迹上	只要机器人位于编程设定的轨迹上,此输出端即被赋值。在进行了 BCO 运行后输出端 ON_PATH 即被赋值。输出端保持激活,直到机器人离开了轨迹、程序复位或选择了语句。但信号 ON_PATH 无公差范围,机器人一离开轨迹,该信号便复位

6.2.2　外部自动运行接口配置

(1) 输入端配置的操作步骤

① 菜单路径选择主菜单＞配置＞输入/输出端＞外部自动运行，打开外部自动配置界面，如图 6-3 所示，具体说明见表 6-6。

② 在数值栏中标定所需编辑的单元格，然后点击编辑。

③ 输入所需数值，并用"OK"键保存。

④ 对所有待编辑的数值重复步骤②和③。

⑤ 关闭窗口，改动即被应用。

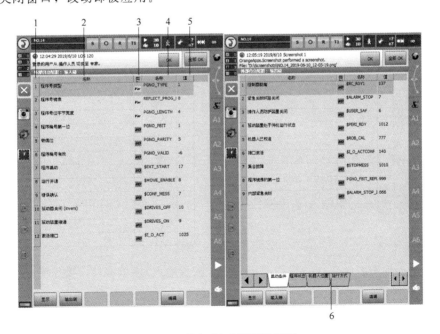

图 6-3　输入/输出端配置界面

表 6-6　外部自动配置界面说明

序　号	说　明
1	编号
2	输入/输出端长文本名(信号/变量功能说明)
3	绿色:输入/输出端　　黄色:变量或系统变量
4	信号或变量名称
5	输入/输出端编号或信道编号
6	输出端选项卡

其中输出端选项卡如图 6-4 所示，可设置启动条件、程序状态、机器人位置及运行方式。

图 6-4　输出端选项卡界面

(2) 输出端配置的操作步骤

① 菜单路径选择"主菜单＞配置 ＞ 输入/输出端 ＞ 外部自动运行"。

② 通过按键选择输出端选项卡切换到相应的配置界面。

③ 在数值栏中选择所需编辑的单元格，然后点击编辑。

④ 输入所需数值，并用"OK"键保存。

⑤ 对所有待编辑的数值重复步骤②和③。

⑥ 按组排序所有数值。

笔　记

 注意

输入＼输出端配置必须在专家权限下进行。

（配置输入/输出接口）

(1) 任务要求

以 KUKA 标准教学工作站操作面板为例，配置输入/输出接口。操作面板如图 6-4 所示，对应的输入/输出接口说明见表 6-7。

为了使用操作面板模拟 PLC，必须更改外部自动运行输入/输出接口，配置要求见表 6-8。

图 6-5 KUKA 标准教学工作站操作面板

1—外部自动运行启动按钮；2—操作面板输入信号；3—操作面板输出信号

表 6-7 操作面板的输入/输出接口说明

序号	信号	说明
1	I17	启动外部自动运行
2	I01	PGNO 位 0
	I02	PGNO 位 1
	I03	PGNO 位 2
	I04	PGNO 位 3
	I05	PGNO_PARITY
	I06	PGNO_VALID
	I07	CONF_MESS
	I08	MOVE_ENABLE
	I09	DRIVES_ON
	I10	DRIVES_OFF
3	O01	IN_HOME
	O02	ON_PATH
	O03	PGNO_REQ
	O04	PRO_ACT
	O05	APPL_RUN
	O06	USER_SAF
	O07	ALARM_STOP

笔记

表 6-8　外部自动运行输入/输出端配置要求

端口	名称	名称	值
输入端	程序号位字节宽度	PGNO_LENGTH	4
	程序编号第一位	PGNO_FBIT	1
	奇偶位	PGNO_PARITY	5
	程序编号有效	PGNO_VALID	6
	程序启动	$ EXT_START	17
	运行开通	$ MOVE_ENABLE	8
	错误应答	$ CONF_MESS	7
	驱动器关闭	$ DIRVES_OFF	10
	驱动装置接通	$ DRIVES_ON	9
输出端	紧急关断环路闭合	$ ALARM_STOP	7
	操作人员防护装置关闭	$ USER_SAF	6
	程序激活	$ PRO_ACT	4
	程序编号请求	PGNO_REQ	3
	应用程序正在运行	APPL_RUN	5
	位于起始位置	$ IN_HOME	1
	机器人在轨迹上	$ ON_PATH	2

（2）任务示范

具体任务示范见表 6-9。

表 6-9　配置输入/输出接口任务示范

步骤	具体操作	操作示意图
1	打开外部自动运行输入/输出端配置界面，菜单路径选择"主菜单＞配置①＞输入/输出端②＞外部自动运行③"	

续表

步骤	具体操作	操作示意图
2	数值栏中选择所需编辑的单元格①，然后点击"编辑"，按表6-8输入相应的数值，点击"OK"键②保存	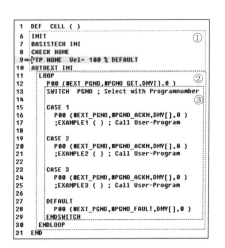
3	重复第二步，按表6-8将输入/输出端的值配置完成	

任务 6.3　外部自动运行控制程序

CELL. src 程序用于管理由 PLC 传输的程序号，该程序位于文件夹"R1"中。CELL 程序可以根据需要调整，但程序的基本结构必须保持不变。

6.3.1　CELL 程序结构

CELL 程序是由 KR C4 控制系统提供的模板建立，用于上一级 PLC 控制系统作业，每一个控制系统只允许一个 CELL 程序，其程序结构如图6-6 所示。

6.3.2　CELL 程序段说明

CELL 程序段具体说明见表6-10。

```
1  DEF CELL ( )
6  INIT                                    ①
7  BASISTECH INI
8  CHECK HOME
9  ⇒PTP HOME  Vel= 100 % DEFAULT
10 AUTOEXT INI
11 LOOP
12   P00 (#EXT_PGNO,#PGNO_GET,DMY[],0)     ②
13   SWITCH  PGNO ; Select with Programnumber
14                                         ③
15   CASE 1
16     P00 (#EXT_PGNO,#PGNO_ACKN,DMY[],0)
17     ;EXAMPLE1 ( ) ; Call User-Program
18
19   CASE 2
20     P00 (#EXT_PGNO,#PGNO_ACKN,DMY[],0)
21     ;EXAMPLE2 ( ) ; Call User-Program
22
23   CASE 3
24     P00 (#EXT_PGNO,#PGNO_ACKN,DMY[],0)
25     ;EXAMPLE3 ( ) ; Call User-Program
26
27   DEFAULT
28     P00 (#EXT_PGNO,#PGNO_FAULT,DMY[],0)
29   ENDSWITCH
30 ENDLOOP
31 END
```

图6-6　CELL 程序结构示例

表 6-10　CELL 程序段说明

程 序 段	程 序 说 明
第一部分，初始化部分（见图 6-6 中①）	初始化基坐标参数，根据"Home"位置检查机器人位置 初始化外部自动运行接口
第二部分，LOOP 无限循环部分（见图 6-6 中②）	通过 POO 模块查询上级控制系统输入的程序号，并保存到 PGNO 变量中
第三部分，SWITCH 选择分支部分（见图 6-6 中③）	根据查询到的 PGNO 程序号，进入到相应的选择分支（CASE），运行分支中调用的程序。若程序号无效则进入到默认分支（DEFAULT）。程序运行结束后重新进行这一循环

6.3.3 CELL 文件编辑

① 切换到"专家"用户组。

② 打开 CELL. SRC。

③ 在"CASE"段中将名称"EXAMPLE"用例从相应程序编号调出的程序名称替换。并删除名称前的分号。

④ 关闭程序并保存更改。

 （编写 CELL. SRC 程序）

(1) 任务要求

① 在 CELL. SRC 程序的 CASE 1 中加入要调用的程序名：catchblock（）、putblock（）。

② 在 CELL. SRC 程序的 CASE 2 中加入要调用的程序名：catchpen（）、drawtable（）、putpen（）。

③ 在 CELL. SRC 程序的 CASE 3 中加入要调用的程序名：catchschild（）、drawschild（）、putshcild（）。

注意

也可采用已经编写、调试完成的机器人其他示教程序，进行自动运行的练习。

(2) 任务示范

具体任务示范见表 6-11。

表 6-11　编写 CELL. SRC 程序任务示范

步骤	具体操作	操作示意图
1	切换到专家用户组	
2	打开 R1 文件夹①，选中 CELL. SRC 程序②，点击打开③	

续表

步骤	具体操作	操作示意图
3	在 CELL.SRC 程序中加入要调用的程序名。 ①在 case 1 中输入：catchblock( )、putblock( )； ②在 case 2 中输入：catchpen( )、drawtable( )、putpen( )； ③在 case 3 中输入：catchschild( )、drawschild( )、putshcild( )	
4	关闭程序编辑窗口,保存更改	

任务 6.4 启动外部自动运行

在 PLC 与机器人已完成现场总线的连接和输入/输出端配置，并适配完成 CELL.SRC 程序后，就可以启动外部自动运行，在外部自动运行模式下选择执行用户程序。具体的操作流程如图 6-7 所示。

外部自动
运行

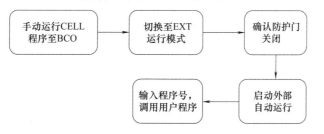

图 6-7 外部自动运行启动流程

 **任务练习**（启动外部自动运行）

(1) 任务要求

① 确认 PLC 与机器人已完成现场总线的连接和输入/输出端配置。

② 确认 CELL. SRC 程序已适配完成。

③ 启动外部自动运行，在外部自动运行模式下运行子程序。

(2) 任务示范

具体任务示范见表 6-12。

表 6-12 启动外部自动运行任务示范

步骤	具体操作	操作示意图
1	手动运行 CELL 程序： 将 I08(MOVE ENABLE)输入端置位； 选定 CELL 程序； 在 T1 或 T2 模式下执行 BCO 运行，得到提示信息"已达 BCO"①	
2	运行方式选择： 将运行方式选择为 EXT，程序运行速度倍率为 100%（可以根据实际情况调整）	
3	关闭防护门： 若安全防护门打开或没有确认安全防护门，会提示"操作人员防护装置开着"①，关闭防护门，并进行确认，提示信息消失	
4	启动外部自动运行： 将 I09(DRIVERS ON)输入端置位； 按下外部运行键"Start Automatic Extern"，提示信息"Wait for PGNO_VAID=True"①，此时，外部自动运行已启动，等待控制台输入程序号	
5	程序号输入： 通过控制台 I01~I04 输入端选择程序号； 根据需要将输入端 I05(PGNO_PARITY)置位； 将 I06(PGNO_VALID)置位	

笔记

续表

步骤	具体操作	操作示意图
6	程序执行完成后将 I06(PGNO_VALID)复位	
7	重复步骤 4～6 可以执行其他程序	

任务 6.5　外部自动运行中断后恢复

在外部自动运行的过程中，如果安全门打开，或者按下紧急停止的情况下，会使得在外部自动运行中断后恢复运行，需要重新接通驱动装置、确认信息提示、外部启动 CELL 程序。

6.5.1　接通驱动装置

接通驱动装置信号交换过程如图 6-8 所示。

（1）前提条件

① ＄USER_SAF：防护门已关闭。

② ＄ALARM_STOP：无紧急停止。

③ ＄I_O_ACTCONF（EXT）：外部自动运行激活。

④ ＄MOVE_ENABLE：允许运行。

⑤ ＄DRIVES_OFF：未激活驱动装置关闭。

（2）接通驱动装置

＄DRIVES_ON：持续施加至少 20ms 的信号，接通驱动装置。

（3）驱动装置处于待机状态

＄PERI_RDY：有驱动装置的反馈，信号 ＄DRIVES_ON 便撤回。

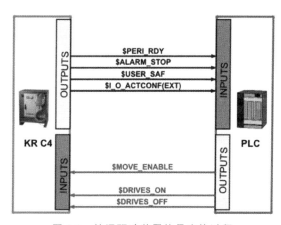

图 6-8　接通驱动装置信号交换过程

6.5.2　确认信息

确认信息提示信号交换过程如图 6-9 所示。

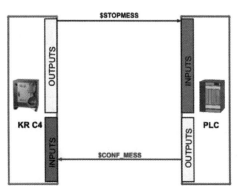

图 6-9　确认信息提示信号交换过程

（1）前提条件

＄STOPMESS：有停止信息。

（2）确认信息

＄CONF_MESS：确认信息提示。

（3）删除可确认的信息提示

＄STOPMESS：不再有停止信息，现在可撤回 ＄CONF_MESS。

6.5.3　外部启动 CELL 程序

外部启动 CELL 程序信号交换过程如图 6-10 所示。

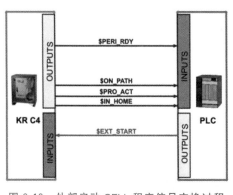

图 6-10　外部启动 CELL 程序信号交换过程

（1）前提条件

① ＄PERI_RDY：驱动装置处于待机状态。

② ＄IN_HOME：机器人位于起始位置（HOME）。

③ 无 ＄STOPMESS：无停止信息。

（2）外部启动

＄EXT_START：接通外部启动（脉冲正沿）。

（3）CELL 程序正在运行

① ＄PRO_ACT：报告 CELL 程序在运行。

② ＄ON_PATH：一旦机器人位于编程设定的轨迹上，信号 ＄EXT_START 便撤回。

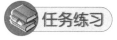（外部自动运行中断后的恢复）

（1）任务要求

① 在外部自动运行模式下，如果按下"紧急停止按钮"，或者安全门打开，机器人自动运行将停止。

② 在排除故障后，采取一定的步骤恢复外部自动运行。

(2) 任务示范

具体任务示范见表 6-13。

表 6-13 外部自动运行中断后的恢复任务示范

步骤	具体操作	操作示意图
1	将"紧急停止按钮"复位,安全门关闭	
2	将 I09(DRIVES_OFF)置位,等待 1s 后将 I10(DRIVES_ON)从 FALSE 置位为 TRUE,直到示教器上"I"变为绿色①	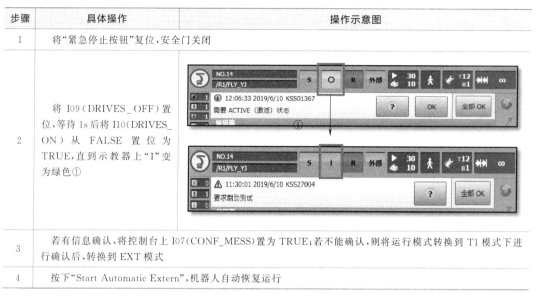
3	若有信息确认,将控制台上 I07(CONF_MESS)置为 TRUE;若不能确认,则将运行模式转换到 T1 模式下进行确认后,转换到 EXT 模式	
4	按下"Start Automatic Extern",机器人自动恢复运行	

项目小结 <<<

本项目主要介绍外部自动运行的过程、CELL 程序的结构、外部自动运行的输入/输出接口,通过本项目的学习,应当掌握将机器人程序接入外部自动运行模式的方法、启动外部自动运行模式的方法和步骤、外部自动运行中断后的恢复方法和步骤。

课后作业 <<<

1. 在 CELL 程序中,变量♯PGNO 是上级 PLC 应答时的什么参数,它通过哪些全局子函数传递?

2. 输入端 PGNO_PARITY 的值为 0 时代表什么意思? 若为负值又代表什么意思?

3. 机器人与 PLC 进行通信的前提条件是什么?

笔记

项目 7

工业机器人空间监控

📖 知识导图

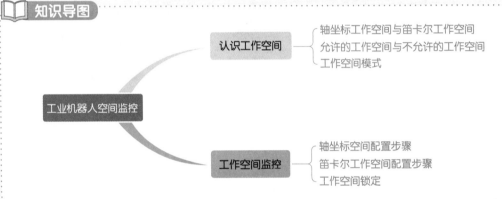

工业机器人空间监控

认识工作空间
- 轴坐标工作空间与笛卡尔工作空间
- 允许的工作空间与不允许的工作空间
- 工作空间模式

工作空间监控
- 轴坐标空间配置步骤
- 笛卡尔工作空间配置步骤
- 工作空间锁定

项目导入

　　KUKA 机器人工作空间分为安全性工作空间和非安全性工作空间，安全性工作空间用于为工作人员提供保护，只能借助附加选项 safe operation 设置。而使用 KUKA 系统软件可以直接为机器人配置非安全工作空间，这些工作空间只用于保护设备。本项目主要介绍应用 KUKA 系统软件进行机器人工作空间的配置。

学习目标

❶ 知识目标

➤ 理解轴坐标工作空间、笛卡尔工作空间的概念

➤ 理解允许的空间和不允许的空间的概念

➤ 理解工作空间锁定原理

➤ 掌握工作空间配置原理及配置和使用工作空间的操作步骤

❷ 技能目标

➤ 锻炼动手能力，培养沟通和合作的品质

➤ 关注细节，培养精益求精的工匠精神

学习任务

➤ 任务 7.1　认识工作空间

➤ 任务 7.2　工作空间监控

任务 7.1 认识工作空间

7.1.1 轴坐标工作空间与笛卡尔工作空间

使用 KUKA 系统软件可以建立 8 个轴坐标工作空间，图 7-1 所示为 A1 轴相关的工作空间，采用轴坐标工作空间可以进一步限定由软件限位开关所确定的区域，以保护机器人或工具、工件。

使用 KUKA 系统软件也可以建立 8 个笛卡尔工作空间，图 7-2 所示为笛卡尔工作空间，在笛卡尔工作空间中，仅 TCP 的位置受到监控，无法监控机器人的其他部件是否超出了工作空间。可以激活多个工作空间，并且这些工作空间可以重叠，从而形成较为复杂的工作空间形状。

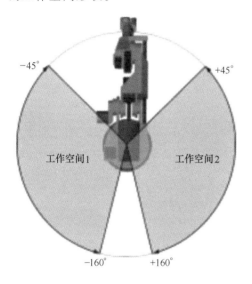

图 7-1　A1 轴工作空间

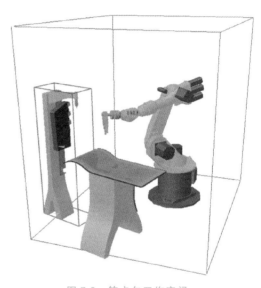

图 7-2　笛卡尔工作空间

7.1.2 允许的工作空间与不允许的工作空间

允许的工作空间如图 7-3 所示，机器人不允许在该类空间之外运动。
不允许的工作空间如图 7-4 所示，机器人只允许在该类空间之外运动。

图 7-3　允许的工作空间

图 7-4　不允许的工作空间

在机器人超出其工作空间时会出现何种反应，取决于其配置情况，每个工作空间可以配置一个输出信号。

7.1.3 工作空间模式

工作空间共有五种模式，分别是♯OFF 模式、♯INSIDE 模式、♯OUTSIDE 模式、♯INSIDE_STOP 模式、♯OUTSIDE_STOP 模式，各种模式的工作原理见表 7-1。

表 7-1 工作空间模式工作原理

模式	轴坐标空间	笛卡尔工作空间
♯OFF	工作空间监控已关闭	工作空间监控已关闭
♯INSIDE	当轴位于工作空间内时，给定义的输出端赋值	当 TCP 或法兰位于工作空间内时，给定义的输出端赋值
♯OUTSIDE	当轴位于工作空间外时，给定义的输出端赋值	当 TCP 或法兰位于工作空间外时，给定义的输出端赋值
♯INSIDE_STOP	当轴位于工作空间内时，给定义的输出端赋值，并且停住机器人，显示信息提示，只有在关闭或桥接了工作空间监控之后，机器人才可重新运行	当 TCP、法兰或腕点位于工作空间内时，给定义的输出端赋值，（腕点=轴 A5 的中点）并且停住机器人，显示信息提示，只有关闭或桥接了工作空间监控之后，机器人才可重新运行
♯OUTSIDE_STOP	当轴位于工作空间外时，给定义的输出端赋值，并且停住机器人，显示信息提示，只有关闭或桥接了工作空间监控，机器人才可重新运行	当 TCP 或法兰位于工作空间外时，给定义的输出端赋值，并且停住机器人，显示信息提示，只有关闭或桥接了工作空间监控，机器人才可重新运行

笔记

任务 7.2 工作空间监控

工作空间监控

7.2.1 轴坐标空间配置步骤

以图 7-1 所示的 A1 轴工作空间为例，配置轴坐标工作空间 workspace 2。

① 选择"主菜单＞配置＞其他（或工具）＞工作空间监控＞配置"。笛卡尔工作空间窗口打开。

② 点击"轴相关"键①，切换至轴坐标工作空间。

③ 输入值并保存，如图 7-5 所示。

④ 点击"信号"键④打开信号窗口，在轴相关组中，工作空间编号处输入当超出工作空间时应赋值的输出端，选择"轴相关"键②，在③中输入信号值。

⑤ 点击"保存"键⑤，并关闭窗口。

除此之外，配置轴坐标工作空间还可以通过编辑文件（R1＼STEU＼Mada＼\$machine.dat）完成，编辑方法如图 7-6 所示。

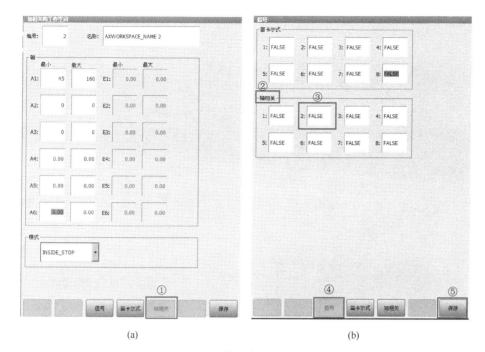

图 7-5　配置轴坐标工作空间界面

```
DEFDAT $MACHINE PUBLIC
...
$AXWORKSPACE[1]={A1_N 0.0,A1_P 0.0,A2_N 0.0,A2_P 0.0,A3_N 0.0,A3_P
0.0,A4_N 0.0,A4_P 0.0,A5_N 0.0,A5_P 0.0,A6_N 0.0,A6_P 0.0,E1_N
0.0,E1_P 0.0,E2_N 0.0,E2_P 0.0,E3_N 0.0,E3_P 0.0,E4_N 0.0,E4_P
0.0,E5_N 0.0,E5_P 0.0,E6_N 0.0,E6_P 0.0,MODE #OFF}
$AXWORKSPACE[2]={A1_N 45.0,A1_P 160.0,A2_N 0.0,A2_P 0.0,A3_N
0.0,A3_P 0.0,A4_N 0.0,A4_P 0.0,A5_N 0.0,A5_P 0.0,A6_N 0.0,A6_P
0.0,E1_N 0.0,E1_P 0.0,E2_N 0.0,E2_P 0.0,E3_N 0.0,E3_P 0.0,E4_N
0.0,E4_P 0.0,E5_N 0.0,E5_P 0.0,E6_N 0.0,E6_P 0.0,MODE #INSIDE_STOP}
```

图 7-6　通过编辑文件（R1 \ STEU \ Mada \ ＄ machine. dat）配置轴坐标工作空间

　　同样对工作空间信号的配置也可以通过编辑文件（R1 \ STEU \ Mada \ ＄ machine. dat）完成，编辑方法如图 7-7 所示。

7.2.2　笛卡尔工作空间配置步骤

（1）笛卡尔工作空间定义方法

　　定义笛卡尔工作空间需要确定其位置和大小，因此首先以世界坐标系为基准定义笛卡尔工作空间的原点 U，如图 7-8 所示。再以原点为参照，定义笛卡尔工作空间的尺寸，如图 7-9 所示。

```
DEFDAT $MACHINE PUBLIC
...
SIGNAL $WORKSTATE1 $OUT[912]
SIGNAL $WORKSTATE2 $OUT[915]
SIGNAL $WORKSTATE3 $OUT[921]
SIGNAL $WORKSTATE4 FALSE
...
SIGNAL $AXWORKSTATE1 $OUT[712]
SIGNAL $AXWORKSTATE2 $OUT[713]
SIGNAL $AXWORKSTATE3 FALSE
```

图 7-7　通过编辑文件（R1 \ STEU \ Mada \ ＄ machine. dat）配置工作空间信号

（2）笛卡尔工作空间配置步骤

　　以图 7-10 为例，配置一个原点为 $P2$，边长为 200mm 的正方体笛卡尔工作空间。

　　① 选择 "主菜单＞配置＞其他＞工作空间监控＞配置"，笛卡尔工作空间窗口打开。

　　② 如图 7-11 所示，输入原点坐标①以及到原点的距离②，并点击 "保存" 键。

　　③ 如需配置信号，按任务 7.2.1 方法，在笛卡尔工作空间中进行配置。

　　图 7-12 是转过一定角度的笛卡尔工作空间，该空间的 Y 轴转过 $30°$，空间尺寸为 $x=300mm$，$y=250mm$，$z=450mm$。

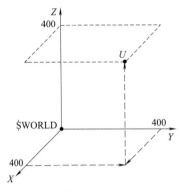

图 7-8　定义笛卡尔工作空间原点 U

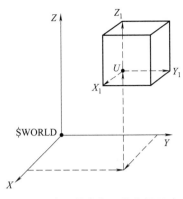

图 7-9　定义笛卡尔工作空间尺寸

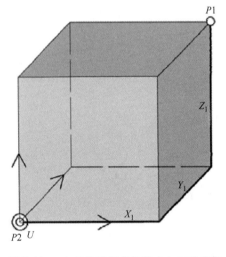

图 7-10　$P2$ 点位于原点的笛卡尔工作空间

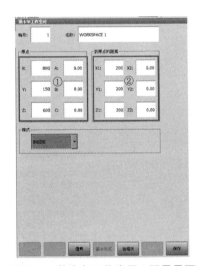

图 7-11　笛卡尔工作空间 1 配置界面

对于此类转过一定角度的笛卡尔工作空间，配置方法如图 7-13 所示，①为原点坐标，②为到原点的距离。

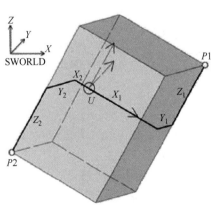

图 7-12　转过一定角度的笛卡尔工作空间

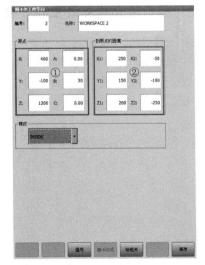

图 7-13　笛卡尔工作空间 2 配置界面

除此之外，配置笛卡尔工作空间还可以通过编辑文件（R1 \ STEU \ Mada \ $ ma-chine. dat）完成，编辑方法如图 7-14 所示。

```
DEFDAT  $CUSTOM PUBLIC
...
$WORKSPACE[1]={X 400.0,Y -100.0,Z 1200.0,A 0.0,B 30.0,C 0.0,X1
250.0,Y1 150.0,Z1 200.0,X2 -50.0,Y2 -100.0,Z2 -250.0,MODE #OUTSIDE}
$WORKSPACE[2]={X 0.0,Y 0.0,Z 0.0,A 0.0,B 0.0,C 0.0,X1 0.0,Y1 0.0,Z1
0.0,X2 0.0,Y2 0.0,Z2 0.0,MODE #OFF}
```

图 7-14　编辑文件（R1 \ STEU \ Mada \ $ machine. dat）配置笛卡尔工作空间

另外工作空间打开、关闭等模式选择也可以在用户程序中通过 KRL 语言实现，如图 7-15 所示。

```
DEF myprog( )
...
$WORKSPACE[3].MODE = #INSIDE
...
$WORKSPACE[3].MODE = #OFF
...
$AXWORKSPACE[1].MODE = #OUTSIDE_STOP
...
$AXWORKSPACE[1].MODE = #OFF
```

图 7-15　用户程序中实现工作空间模式选择

7.2.3　工作空间锁定

机器人直接耦合时工作空间锁定的过程如图 7-16 所示。

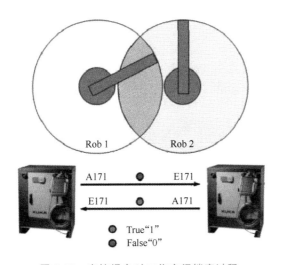

图 7-16　直接耦合时工作空间锁定过程

使用一个 PLC 进行工作空间锁定，PLC 可以直接传递信号，或者传递带逻辑控制的信号，使用 PLC 时工作空间锁定过程如图 7-17 所示。

① 直接传递信号　无等待时间的情况：有进入要求时，如果相关区域未锁闭，则机器人允许立即进入该区域；但如果两个机器人同时都收到了进入要求并得到进入许可，则有可能引起碰撞。有监控时间的情况：提出进入要求时，将自己的区域锁闭，经过了一段监控时间后才检查新的区域；如果相关区域未锁闭，则机器人允许立即进入该区域；如果

两个要求几乎同时提出，则锁闭区域。

② 带逻辑控制（优先级）的信号传递　进入要求与进入许可通过逻辑彼此相连。当同时出现进入要求时，优先级控制也负责控制允许哪个机器人进入共同的工作区域。除了优先级控制外，还可检查机器人（机器人 TCP）是否在工作区域内，因此必须定义工作空间。

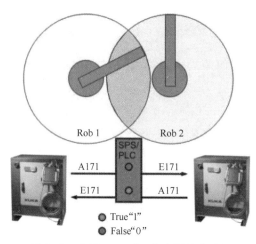

图 7-17　使用 PLC 时工作空间锁定过程

（配置空间）

(1) 任务要求

① 配置工作空间 1：将该工作空间配置成边长 200mm 的正方体，如图 7-18（a）所示。在进入该区域时，使得输出端 14 发送一个信号。

(a) 工作空间1

(b) 工作空间2

图 7-18　工作空间示意图

② 配置工作空间 2：将该工作空间配置成边长 200mm 的正方体，如图 7-18（b）所示。在离开该区域时，使得输出端 15 发送一个信号。

(2) 任务示范

配置空间操作步骤如表 7-2 所示。

表 7-2　配置空间操作步骤

步骤	具体操作	操作示意图
1	在主菜单中选择"配置其他(或工具)工作空间监控配置",打开笛卡尔工作空间窗口	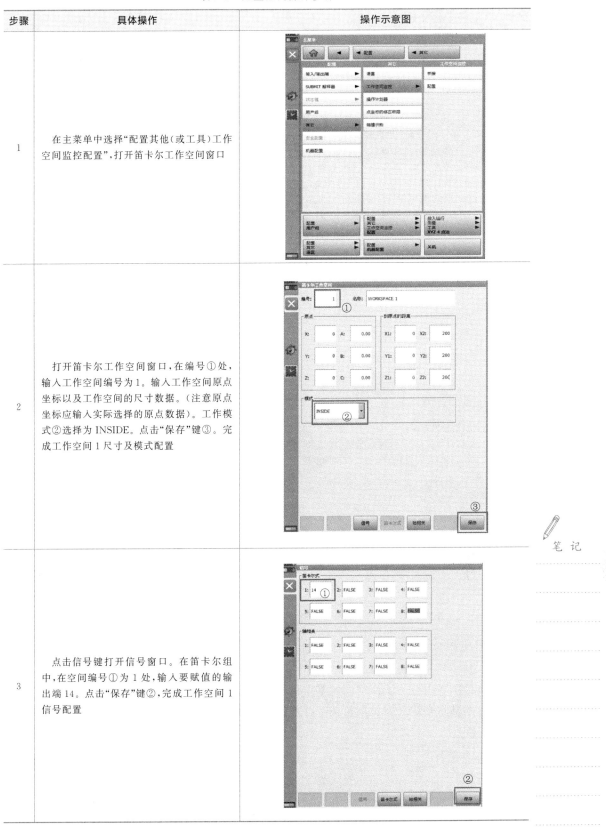
2	打开笛卡尔工作空间窗口,在编号①处,输入工作空间编号为1。输入工作空间原点坐标以及工作空间的尺寸数据。(注意原点坐标应输入实际选择的原点数据)。工作模式②选择为 INSIDE。点击"保存"键③。完成工作空间 1 尺寸及模式配置	
3	点击信号键打开信号窗口。在笛卡尔组中,在空间编号①为 1 处,输入要赋值的输出端 14。点击"保存"键②,完成工作空间 1 信号配置	

笔记

续表

步骤	具体操作	操作示意图
4	点击笛卡尔式,重新进入笛卡尔空间配置窗口。工作空间编号①处输入2。输入工作空间原点坐标以及工作空间的尺寸数据（注意原点坐标应输入实际选择的原点数据）。工作模式②选择为OUTSIDE。点击"保存"键③。完成工作空间2尺寸及模式配置	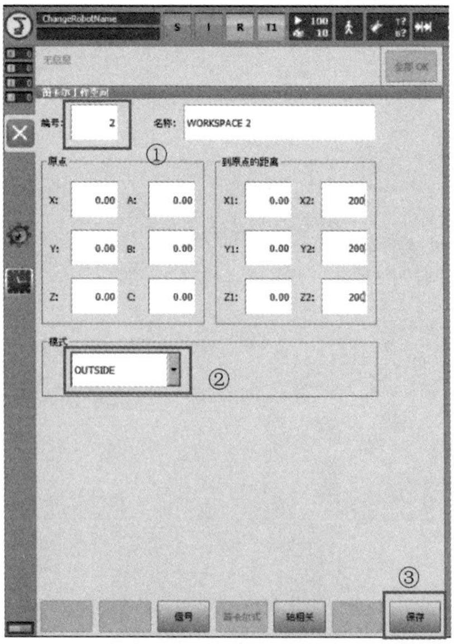
5	点击信号键打开信号窗口。在笛卡尔组中,空间编号①为2处,输入要赋值的输出端15。点击"保存"键②,完成工作空间2信号配置	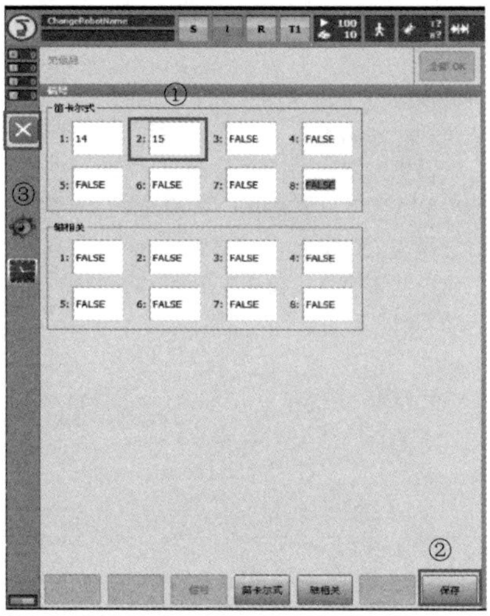
6	测试这两个工作空间,观察信号灯显示	

项目小结 <<<

　　本项目主要内容为工作空间的基本概念以及工作空间的配置方法及步骤,学生通过学习本项目的基本知识并完成项目任务,从而掌握工作空间配置的方法和具体步骤。

课后作业 <<<

　　1. 配置工作空间时,工作空间模式有哪些选项?
　　2. 在配置笛卡尔工作空间时,原点以哪一坐标系为参照?

笔记

项目 8

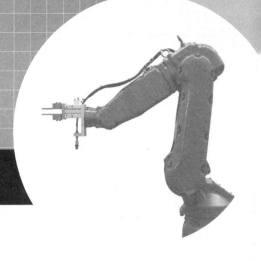

WorkVisual使用

知识导图

软件认知
- WorkVisual软件概述
- WorkVisual软件功能
- WorkVisual操作界面

软件安装
- PC机系统要求
- 机器人控制系统要求
- 安装WorkVisual

WorkVisual

项目管理
- PC连接KSI
- 上载项目
- 激活编程和配置模式
- 切换项目文件视图
- 修改项目
- 项目比较
- 下载项目
- 在机器人控制系统中激活项目

WorkVisual编辑KRL程序
- KRL程序编辑概述
- 文件处理
- KRL编辑器使用

WorkVisual总线配置
- 总线配置概述
- 建立现场总线
- 编辑设备信号
- 连接总线
- 导出总线配置

笔记

项目导入

  WorkVisual 是 KUKA 公司针对 KUKA 机器人研发的专业软件，其具备强大的功能，可以对 KUKA 机器人项目进行离线编程、配置、诊断、更改、存档等操作。WorkVisual 可把一个机器人项目的所有步骤融合到同源的离线开发、在线诊断和维护环境中，是一个完美的跨整个软件生命周期、以项目为导向的同源开发环境，具有统一、标准的用户界面，保证了项目数据的高度一致和连贯性。

  本项目主要学习 WorkVisual 的软件界面、基本操作及项目管理，了解软件的基本使用功能，熟悉软件的基本操作，掌握项目管理的基本方法。

任务 8.1　软件认知

8.1.1　WorkVisual 软件概述

WorkVisual 是 KUKA 公司针对 KUKA 机器人研发的专业软件，主要对 KUKA 机器人项目进行离线编程、配置、诊断、更改、存档等操作。WorkVisual 软件有以下特点。

① 以项目为导向的同源开发平台；

② 具有统一、标准化的用户界面；

③ KR C4 控制功能均由网络管理；

④ 机器人控制、PLC 处及两者之间集成一致的现场总线：I/O 配置、连接和诊断；

⑤ 支持多种现场总线类型，包括工业以太网、PROFIBUS、EtherCat、DeviceNet 等；

⑥ 适合于 Roboteam 和附加轴模块的集成拖放配置和菜单导向型编程；

⑦ 是高效、符合人机工程学的编辑器，可用于机器人离线编程。

笔记

8.1.2　WorkVisual 软件功能

WorkVisual 软件是用于 KUKA 机器人的 KR C4 控制系统的工程环境，可用于 KUKA 工业机器人或客户运动系统的配置、离线编程和诊断，主要具有以下功能。

① 架构并连接现场总线；

② 对机器人离线编程；

③ 配置机器参数；

④ 离线配置 RoboTeam；

⑤ 编辑安全配置；

⑥ 编辑工具和基坐标系；

⑦ 在线定义机器人工作单元;

⑧ 将项目传送给机器人控制系统;

⑨ 从机器人控制系统载入项目;

⑩ 将项目与其他项目进行比较，如果需要则应用其差值;

⑪ 管理长文本;

⑫ 管理备选软件包;

⑬ 诊断功能;

⑭ 在线显示机器人控制系统的系统信息;

⑮ 配置测量记录、启动测量记录、分析测量记录（用示波器）;

⑯ 在线编辑机器人控制系统的文件系统;

⑰ 调试程序。

其中，本书主要讲解软件基本操作、项目管理、离线编程及总线配置等功能。

8.1.3　WorkVisual 操作界面

WorkVisual 软件的操作主界面如图 8-1 所示。界面上的窗口和工具可以根据需要，通过菜单项"窗口和编辑器"进行显示或隐藏操作。

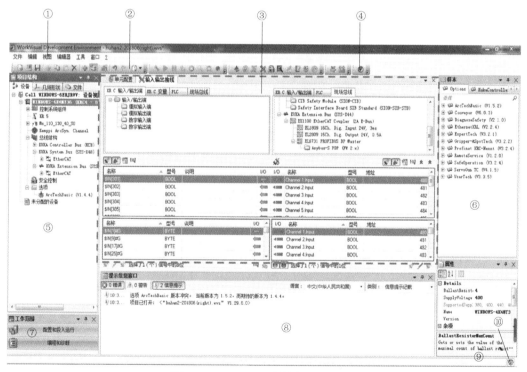

图 8-1　WorkVisual 软件操作主界面

图 8-1 中的功能见表 8-1。

表 8-1　WorkVisual 软件主界面功能

序号	功能名称	功能说明
①	菜单栏	文件、编辑、视图、编辑器、工具、窗口及帮助

续表

序号	功能名称	功能说明
②	工具栏	工具栏上按键为部分菜单的快捷方式
③	编辑器区域	如果打开一个编辑器，则在此显示； 当打开多个编辑器时，编辑器将上下排列，并可以通过选项卡进行选择
④	帮助	帮助是软件功能的检索
⑤	项目结构 导航器	项目导航器可打开项目的详细信息，主要包括设备、几何形状及文件选项卡，以树结构方式显示。 设备选项卡可显示项目的硬件组成及总线的信息； 几何形状选项卡可显示坐标系相关的信息，如工具坐标等； 文件选项卡可显示与项目相关的程序文件信息
⑥	窗口编目	该窗口中显示所有添加的编目，编目中的元素可在项目结构中添加到选项卡"设备"或"几何形状"上
⑦	窗口工作范围	可选择两种不同的模式使用 WorkVisual。 a. 配置和投入运行模式　项目相关的工作范围； 主要用于配置和布线编程，显示与项目相关的工作，如单元配置、输入/输出端接线和使用 KRL 编辑器编程。 b. 编程和诊断模式　项目无关的工作范围；主要用于项目的在线诊断，如用 KRC 浏览器监控、记录和工作；即使无项目打开，该视图功能也可选用
⑧	窗口信息提示	提示当前项目的信息，主要包括错误、警告及信息提示三类。
⑨	窗口属性	若在"项目结构"导航器中选择了一个对象，则在此窗口中显示对象的属性
⑩	项目分析	显示当前项目的分析，提出项目管理建议

任务 8.2　软件安装

　　WorkVisual 是 KUKA 公司针对工业机器人单元研发的专业软件，是 KUKA 工业机器人配置、离线编程和诊断的重要工具。

8.2.1　PC 机系统要求

　　硬件最低要求：

　　① 具有奔腾 4（Pentium Ⅳ）处理器的 PC，至少 1500MHz；

　　② 2GB 内存；

　　③ 200MB 可用的硬盘空间；

　　④ 与 DirectX 兼容的显卡，分辨率为 1024×768 像素。

　　推荐的要求：

　　① 具有奔腾 4 处理器的 PC 或更高，2500MHz；

　　② 4GB 内存；

　　③ 1GB 可用的硬盘空间；

　　④ 与 DirectX 兼容的显卡，分辨率为 1280×1024 像素。

　　软件要求：

　　Windows 7 及以上版本，32 位版本和 64 位版本均可使用。

8.2.2 机器人控制系统要求

① KUKA 系统软件 8.2、8.3 或 8.4；
② VW 系统软件 8.2 或 8.3。

8.2.3 安装 WorkVisual

安装 WorkVisual

① 启动程序 setup.exe；
② 如果 PC 上还缺少以下组件，则将打开相应的安装助手：
• NET Framework 2.0、3.0 和 3.5
请按照安装助手的指示逐步进行操作，.NET Framework 即被安装。
③ 如果 PC 上还缺少以下组件，则将打开相应的安装助手：
• SQL Server Compact 3.5
请按照安装助手的指示逐步进行操作，SQL Server Compact 3.5 即被安装。
④ 如果 PC 上还缺少以下组件，则将打开相应的安装助手：
• Visual C++ Runtime Libraries
• WinPcap
请按照安装助手的指示逐步进行操作，Visual C++ Runtime Libraries 和/ 或 WinPcap 即被安装；
⑤ 窗口 WorkVisual［…］设置打开，点击下一步；
⑥ 接受许可证条件并点击下一步；
⑦ 点击所需的安装类型，安装类型表见表8-2；

表 8-2 安装类型表

型号	安装目录	语言
Typical(典型)	默认目录	安装英语及操作系统语言
Custom(自定义)	可选	可从列表中选择
Complete(全部)	默认目录	全部安装

笔 记

⑧ Custom Setup（自定义安装）窗口打开，如图 8-2 所示。

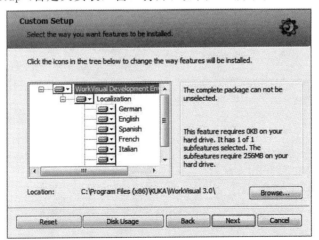

图 8-2　自定义安装窗口

⑨ 点击安装，WorkVisual 即被安装；

⑩ 安装结束后，点击完成，以关闭安装助手。

 任务练习（软件安装）

（1）软件安装

在 PC 机上正确安装 WorkVisual 软件。

（2）任务示范

软件安装步骤见表 8-3。

表 8-3 软件安装步骤

步骤	具体安装	安装图示
1	打开安装文件夹，双击 setup. exe 应用程序	![名称列表：DDDSource、DeviceDescriptions、DOC、DotNetFX35、DotNetFX35LanguagePack、LICENSE、SQL_Server_Compact_Edition、Tools、vcredist_x86、vcredist_x86_2005、WindowsInstaller3_1、WindowsInstaller4_5、WinPcap、workvisual4.0.20、ReadMe.rtf、ReleaseNotes.txt、setup.exe、WorkVisualSetup.msi]
2	弹出安装窗口阅读协议，点击"Accept"按钮	WorkVisual Setup 窗口：For the following components: SQL Server Compact 3.5 Please read the following license agreement. Press the page down key to see the rest of the agreement. MICROSOFT SOFTWARE LICENSE TERMS MICROSOFT SQL SERVER COMPACT 3.5 WITH SERVICE PACK 1 These license terms are an agreement between Microsoft ... View EULA for printing Do you accept the terms of the pending License Agreement? If you choose Don't Accept, install will close. To install you must accept this agreement. [Accept] [Don't Accept]
3	若提示缺少 WinPcap 软件，点击"Install"联网自动安装	WorkVisual Setup 窗口：The following components will be installed on your machine: WinPcap Microsoft .NET Framework 4.6.1 (x86 and x64) german language pack Do you wish to install these components? If you choose Cancel, setup will exit. [Install] [Cancel]

续表

步骤	具体安装	安装图示
4	完成自动安装后，提示将 WorkVisual 安装到电脑中，点击"Next"按钮并进入下一步	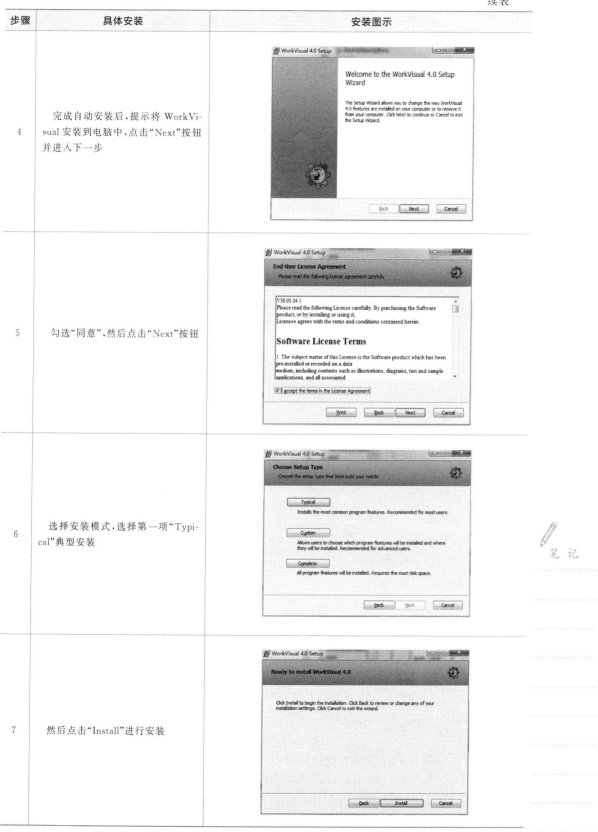
5	勾选"同意"，然后点击"Next"按钮	
6	选择安装模式，选择第一项"Typical"典型安装	
7	然后点击"Install"进行安装	

笔 记

续表

步骤	具体安装	安装图示
8	执行安装程序	
9	安装完成后点击"Finish"	

任务 8.3　项目管理

笔记

项目管理

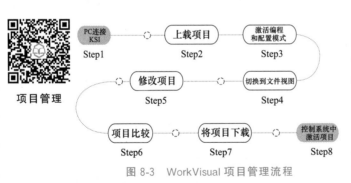

图 8-3　WorkVisual 项目管理流程

KUKA 机器人将控制系统的设备、坐标系、文件及配置等功能整合成一个项目来进行管理，通过 WorkVisual 软件平台实现项目的建立、修改。项目管理的流程是将项目从机器人控制系统上载到 WorkVisual 软件中，对项目进行配置、编程、修改等操作，然后对项目进行编译，并下载到机器人控制系统中激活运行，其典型的项目管理流程如图 8-3 所示。

8.3.1　PC 连接 KSI

为了使工业机器人控制系统与计算机之间交换项目，必须建立网络连接和物理连接。KSS 8.3 版本之后的软件版本，可以使用 KSI（KUKA 服务接口）和 KLI（KUKA 线路接口）进行连接。网络连接如图 8-4 所示。

① PC 机的网络设定在 DHCP 上完成，可采用"自动获取 IP 地址"选项。

② KSI（KUKA 服务接口）位于
CSP（控制系统操作面板）翻板的下面。

③ KR C4 给所连接的电脑自动分配
一个 IP 地址。

注：DHCP 是动态主机设置协议，
主要为网络快速自动分配 IP 地址，通过
DHCP 可将 IP 地址分配给网络中的设备
（计算机）。

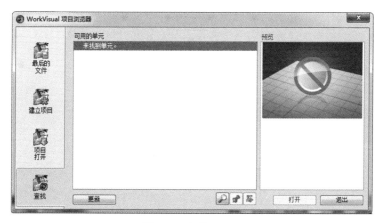

图 8-4　PC 机与控制柜连接图

1—PC 机；2—网络连接；3—控制柜 KR C4；A—KSI 接口

8.3.2 上载项目

当 PC 机与控制柜连接好后，可点击菜单"文件＞查找项目"，将项目浏览器打开，如图 8-5 所示。在项目浏览器中选择"查找"选项卡，出现与 PC 连接的机器人控制系统，选中当前激活项目点击"打开"键，就可以将项目上载到 WorkVisual 中。

图 8-5　上载项目界面

8.3.3 激活编程和配置模式

图 8-6　"工作范围"窗口

WorkVisual 的操作界面有两种不同的视图显示，即"配置和投入运行"和"编程和诊断"，如图 8-6 所示。其中"配置和投入运行"是与项目相关的工作范围，如单元配置、KRL 编辑器等；"编程和诊断"是与项目无关的工作范围，如监控、记录等，即使项目不打开，视图功能也可以选用。

双击"设备"导航器中的控制柜，激活项目。激活后的工作范围显示为"橙色"，项目的添加、程序修改等操作应在"配置和投入运行"模式下进行。

8.3.4 切换项目文件视图

当项目上载后，需要在项目中添加或更改程序时，需要在"项目结构"窗口中选择"文件"选项卡，如图 8-7 所示。"文件"选项卡中包含项目的程序和配置文件。

笔 记

彩色显示文件名：

① 自动生成文件：灰色；

② WorkVisual 中生成文件：蓝色；

③ 来自机器人文件：黑色。

编程文件夹在"文件"选项下路径：KRC \ R1 \ PROGRAMME。

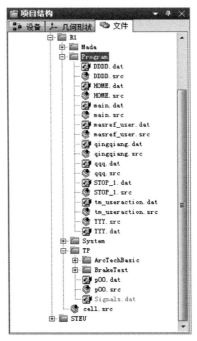

图 8-7 "项目结构"窗口打开"文件"选项卡

8.3.5 修改项目

在"文件"选项下双击需要修改的程序名，在程序编辑器中打开并进行修改。修改项目界面如图 8-8 所示。

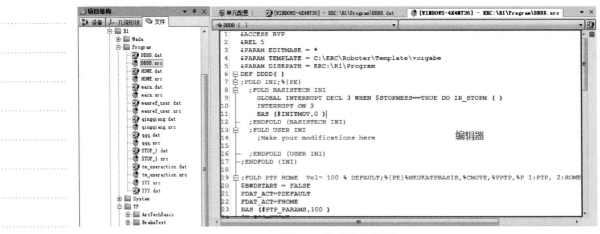

图 8-8 修改项目界面

8.3.6　项目比较

WorkVisual 中可以通过项目比较，清晰、快速找出两个项目之间的不同之处，并根据不同之处分别处理。在项目调试时，可以通过此功能快速定位项目的错误区域，修正错误，为解决问题提供帮助。项目比较后的处理方法主要有两种：保持当前项目中的状态；接收另一个项目中的状态。比较的步骤如下。

① 选择"工具＞比较项目"，打开比较项目窗口。如图 8-9 所示。

图 8-9　比较项目窗口

② 选择当前 WorkVisual 项目要与之比较的项目。例如机器人控制系统上的同名项目或计算机上保存的相似项目等。如图 8-10 所示，比较项目名称为"NB123（left）"。

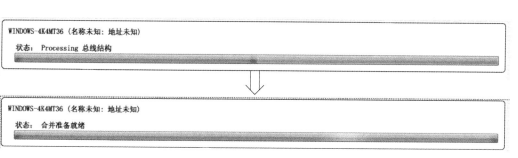

图 8-10　选择的比较项目

③ 点击"继续"按钮，显示"比较"进程条，如图 8-11 所示，当显示出现状态"合并准备就绪"时，点击"显示区别"键，显示项目之间差别。

```
WINDOWS-4K4MT36（名称未知：地址未知）

状态：Processing 总线结构



WINDOWS-4K4MT36（名称未知：地址未知）

状态：合并准备就绪


```

图 8-11　比较进程条

④ 项目之间的差异以一览表的形式显示出来，对于每一种差异都可以选择要应用哪一种状态，即保留原状态或采用新状态，状态通过选项前面的复选框进行选择。差异分析如图 8-12 所示。

根据图 8-12 差异图进行差异项分析，详见表 8-4。

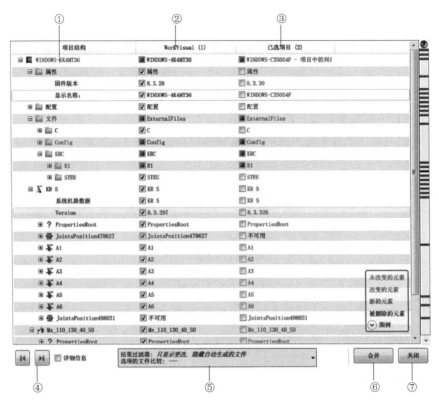

图 8-12　项目比较差异图

表 8-4　项目比较差异分析表

序号	功能分析
①	机器人控制系统节点,各项目区以子节点表示,呈树状分布 展开节点,以显示比较
②	WorkVisual 中项目的状态
③	比较项目状态
④	后退箭头:显示中的焦点跳到前一区别 向前箭头:显示中的焦点跳到下一区别
⑤	用于显示或隐藏各类区别的筛选器
⑥	合并处理,将所选取更改应用到 WorkVisual 打开的项目中去
⑦	关闭合并项目窗口

在比较差异图中，每一项区别都以颜色进行区分，颜色代表区别的状态。

- 绿色：在打开项目中不存在但在比较项目中存在；
- 蓝色：在打开项目中存在但在比较项目中不存在；
- 红色：在两个项目中存在，但不同。

8.3.7　下载项目

当项目修改完毕后，需将修改好的项目下载到 KR C4 控制柜中。

① 分配控制柜　点击菜单栏上的"安装"键或菜单"工具＞安装"，弹出项目传输对

话框，执行项目传输。项目传输对话框如图 8-13 所示。

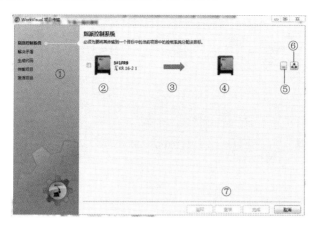

图 8-13　项目传输对话框

图 8-13 中功能说明见表 8-5。

表 8-5　项目传输对话框说明

序号	功能说明
①	项目传输的过程,包括指派控制系统、解决矛盾、生成代码、传输项目及激活项目
②	WorkVisual 项目中的控制柜
③	显示将项目下载到连接的控制柜
④	设备网络中连接的真实控制柜
⑤	连接控制柜搜索窗口
⑥	打开项目比较窗口
⑦	确认控制柜分配

② 解决冲突　如果在项目传输时有冲突或矛盾，将显示冲突解决方案的窗口，选择并执行建议中合适的解决方案。

③ 生成代码　在分配控制器之后，WorkVisual 将从图形配置中为控制器生成所需的 ＊.xml 文件。如果发现错误将中断代码生成，进程条变为红色。

④ 传输项目　该工作步骤自动将已创建的项目传输给控制系统，如果此时 PC 与机器人控制柜连接中断，将中断传输。

⑤ 激活项目　此处激活是在 WorkVisual 中激活下载到控制柜的项目。执行此操作的前提条件是示教器操作者具有专家权限，否则会中断激活过程。在激活前，示教器上会出现提示，点击"是"执行激活操作。如图 8-14 所示。

点击"是"键后，会出现显示传输项目与机器人本机项目的更改列表，即下载项目与控制柜当前项目的差异，点击"是"键，完成激活，如图 8-15 所示。

图 8-14　激活确认

图 8-15　显示更改列表

8.3.8　在机器人控制系统中激活项目

如果需要在机器人中激活项目，则点击示教器上符号键，点击"打开"键，如图 8-16 所示。

在项目管理界面中，选定需要激活的项目，点击"激活"键，激活项目，项目管理窗口如图 8-17 所示。

图 8-16　示教器上项目显示

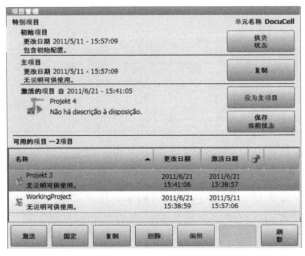

图 8-17　项目管理窗口

（在 WorkVisual 中编辑激活项目）

(1) 任务要求

① 将一台电脑与控制系统接口（KSI）相连，将激活的项目载入 WorkVisual；

② 在 WorkVisual 中创建新的 KRL 程序"test"；

③ 将修改后的项目传送到控制系统中并激活项目。

(2) 任务示范

在 WorkVisual 中编辑激活项目操作步骤见表 8-6。

表 8-6　在 WorkVisual 中编辑激活项目操作步骤

步骤	具体操作	操作示意图
1	连接电脑和控制系统	按图 8-4 连接电脑与机器人控制系统
2	点击"文件＞查看项目",在"查看"选项中选择控制系统中的上载项目	
3	在 WorkVisual"项目结构"中选定"设备选项卡",双击控制柜激活项目	
4	选择"文件"选项卡,在 KRC\R1\PROGRAMME 路径下,新建"TEST"程序模块	
5	下载程序模块到控制系统	
6	激活下载项目	在 WorkVisual 和控制柜中分别激活

笔记

任务 8.4   WorkVisual 编辑 KRL 程序

8.4.1   KRL 程序编辑概述

KRL（KUKA Robot Language）是 KUKA 机器人的专业编程语言，其程序结构、变量、语法及编程环境类似于 C 语言，但由于 KRL 是工业级的控制语言，编程难度较 C 语言更简单、易学。本章讲解的内容是利用 KUKA 提供的模板，在 WorkVisual 的 KRL 编辑器中编写、修改程序，实现离线编程。

在 WorkVisual 软件中编写 KRL 程序，需要学习文件处理和 KRL 编辑的使用方法，其中文件处理主要是与程序文件建立相关的操作，而 KRL 编辑是编写、修改程序相关的操作。

8.4.2   文件处理

文件处理主要是对程序文件进行新建、导入以及模板的激活等操作，该操作是为程序编辑做的准备工作。

(1) 激活模板编目

在 WorkVisual 中提供了文件模板编目，操作者可根据编写程序的类型，选择不同的模板，搭建不同类型的框架，主要包括 CELL（自动运行）、Expert（专家模式）、Modul（标准模式）、Function（功能函数）等模板。

在 WorkVisual 中编程时，系统提供了两种模板：KRL Templates（常规）和 VW 模板（大众）。

非大众企业采用常规模板，使用模板前需要激活模板编目，选择菜单"文件＞名录管理"，弹出"名录管理"对话框，如图 8-18 所示。

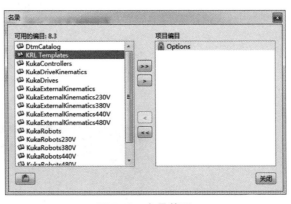

图 8-18   名录管理

选择"KRL Templates"编目，点击 ▷ ，激活编目，如图 8-19 所示。若要取消激活则点击反向箭头。

(2) 在 KRL 编辑器中打开文件

选择"项目结构"中的"文件"选项卡，按照"KRC＼R1＼Programme"路径，将文件夹延展至 R1 或 Program，如图 8-20 所示，选择需要编辑的文件，双击打开。

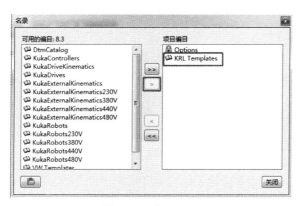

图 8-19　激活编目

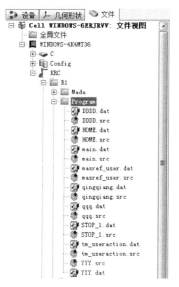

图 8-20　文件结构项目树

图 8-21　KRL 模板添加文件

(3) 利用模板添加文件

借助 KRL 模板添加文件，首先用鼠标左键点击需要添加文件的目录，如图 8-21 所示。
点击"添加"选项后，选定 KRL 模板类型，点击"添加"，如图 8-22 所示。

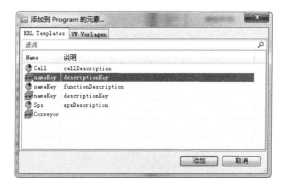

图 8-22　用 KRL 模板添加文件

在弹出对话框中输入程序名后，完成文件添加，如图 8-23 所示。

图 8-23　输入文件名

（4）导入文件

当项目需要导入外部文件时，用鼠标右键点击需要添加程序的文件夹，选择"添加外部文件"进行文件添加，如图 8-24 所示。

图 8-24　添加外部文件

外部文件可导入的类型包括 SRC、DAT、SUB 和 KRL 格式的文件。

8.4.3　KRL 编辑器使用

KRL 编辑器是编辑 KRL 程序的平台，具有编辑程序语句、查找和替换、变量重命名、自动完整化、修正、折叠等强大的功能，使 KUKA 程序便于编辑。

（1）KRL 编辑器操作界面

KRL 编辑器操作界面如图 8-25 所示。

图 8-25　KRL 编辑器的操作界面

笔记

KRL 编辑器操作界面功能说明见表 8-7。

表 8-7 KRL 编辑器操作界面功能说明

序号	名　称	功能说明
①	程序区域	在此输入或编辑程序代码,KRL 编辑器提供大量协助编程的功能
②	文件中子程序列表	通过子程序列表,可快速进入子程序 DEF 段; 文件中不含子程序时,列表为空
③	变量声明列表	通过变量,快速跳到变量声明的行; 没有变量声明时,列表为空
④	分析条	分析条标记显示代码中的错误或不一致; • 鼠标停在该标记上方时,显示错误说明; • 点击标记,光标快速跳到程序相关位置
⑤	正方形	表示当前最严重错误的颜色; 没有错误/不一致时,正方形为绿色

(2) 一般编辑功能

KRL 编辑器具备一般程序或文档编辑器的编辑功能,该功能可以通过菜单"编辑"或鼠标右键调出,主要包括:剪切、粘贴、赋值、删除、撤销、还原、查找。

(3) KRL 编辑器颜色

KRL 编辑器会识别输入代码组成部分并自动用不同颜色区分,通过颜色可以准确识别代码的类型,详见表 8-8。

表 8-8 KRL 编辑器代码颜色

代码类型	颜色
KRL 关键词(除折合 FOLD 以外)	蓝色
;FOLD 和;ENDFOLD	灰色
数字	深蓝色
字符串	红色
注释	绿色
其他代码	黑色

(4) 自动完整化

在 KRL 编辑器中,在输入代码时可使用自动完整化功能,该功能可以帮助编程员快速、正确编写代码。能实现自动完整化功能的元素包括 RL 关键词(如 DEF、FOR 等)、已定义变量名,已知函数名,已定义的子程序。

在执行自动完整化时,输入代码首字母,自动出现与输入字符相匹配的元素,选定一个元素后回车,就将完整的元素加入到程序段中去了。如图 8-26 所示。

(5) Quickfix 修正

代码中出现红色波浪线或分析条中的标记提示代码错误或不一致时,可通过快速修复(Quickfix)""进行修复,点击""的下拉式按键,出现修复建议,选择建议回车后系统自动修复。如图 8-27 所示,申明变量"L"出现错误,修复""显示修复建议,本例选择"删除申明'L'"后将删除变量声明,修复错误。

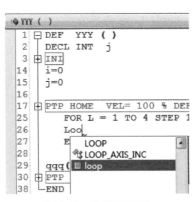

图 8-26 自动完整化

图 8-27 修复示例

（6）折叠夹工作

KRL 编辑器中的代码可采用折叠夹实现程序的结构化，使程序结构更加条理分明、简洁，提高程序的可读性。点击"＋"或双击打开折叠，点击"－"或双击关闭折叠，如图 8-28 所示。

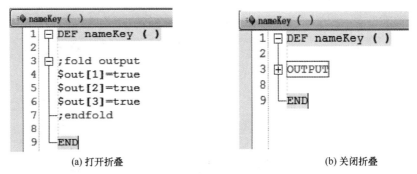

（a）打开折叠　　　　　　　　　　（b）关闭折叠

图 8-28 折叠夹应用

笔 记

 **任务练习**（KRL 编辑器离线编程）

（1）任务要求

① 在 WorkVisual 中，路径 KRC＼R1＼Program 下，新建程序"TEST"，程序类型MODUL；

② 在程序中编写程序代码

DEF TEST （）

DECL INT i

INI

PTP HOME VEL＝100％ DEFAULT

```
FOR i=100 TO 104 STEP 1
    $ OUT [i]=TRUE
    WAIT SEC 1
    $ OUT [i]=FALSE
ENDFOR
PTP HOME VEL=100% DEFAULT
END
```

③ 程序代码编写完成后，将项目下载到控制柜中并激活项目；

④ 在示教器菜单"显示＞输入\输出＞数字输入\输出"中观察输出端口 100～104 的状态。

(2) 任务示范

KRL 编辑器离线编程操作步骤见表 8-9。

表 8-9　KRL 编辑器离线编程操作步骤

步骤	具体操作	操作示意图
1	点击"项目结构"导航器中"文件"选项卡；选择路径 KRC\R1 下的 Program，鼠标右键点击选择"添加"键	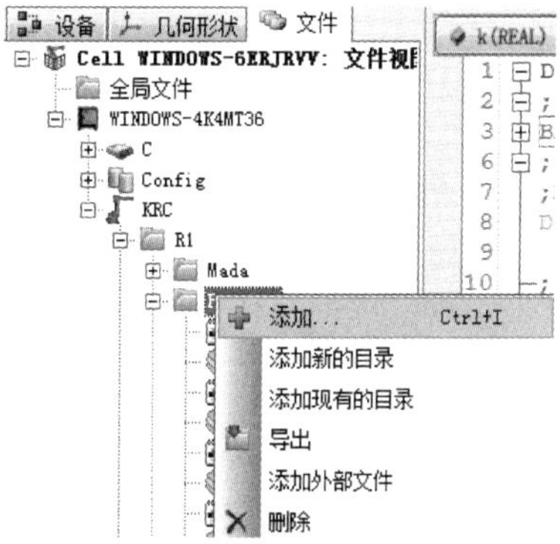
2	选择"Modul"模板，点击"添加"按钮	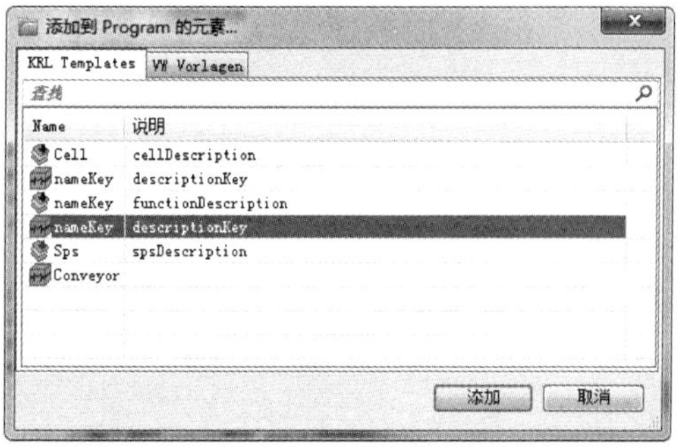
3	在弹出对话框中输入程序名"TEST"，点击"OK"键	

笔记

续表

步骤	具体操作	操作示意图
4	在"文件"选项卡下，选择"TEST.src"程序，进入 KRL 编辑器编辑程序	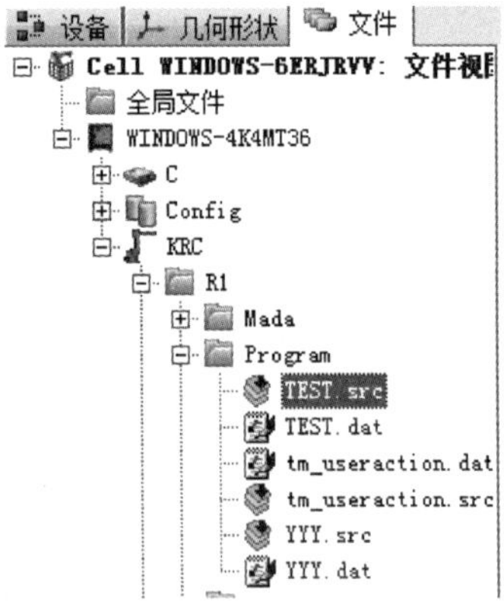
5	在编辑器中输入程序代码	
6	将编写好的项目下载到控制柜中，并激活项目	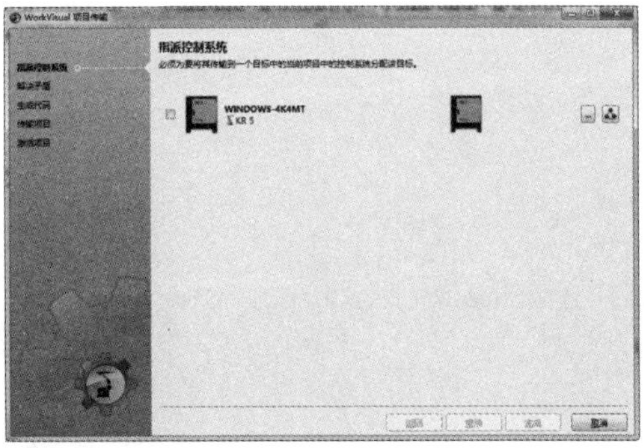
7	在示教器中运行项目，并通过示教器的菜单"显示＞输入\输出＞数字输入\输出"，查看程序运行状态	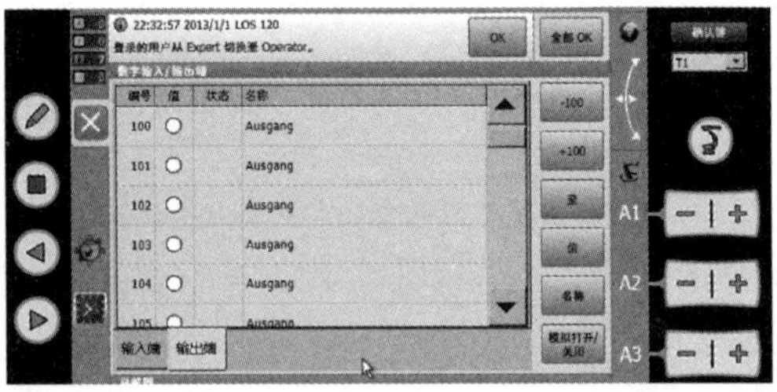

笔记

任务 8.5　WorkVisual 总线配置

8.5.1　总线配置概述

WorkVisual
总线配置

总线（BUS）是机器人控制系统中各功能部件之间传送信息的公共通信线路。在 KUKA 机器人 KR C4 控制系统中，根据功能将总线系统分为了 KCB（KUKA 控制总线）、KSB（KUKA 系统总线）、KLI（KUKA 线路总线）、KSI（KUKA 服务总线）及 KEB（KUKA 扩展总线）。

WorkVisual 总线配置是配置现场总线，通过在项目中建立现场总线，为总线配置设备、编辑设备信号及连接总线，使设备可以通过总线实现与机器人控制系统的信息互送，总线配置的流程如图 8-29 所示。

图 8-29　总线配置流程

在 WorkVisual 配置现场总线的类型见表 8-10。

表 8-10　WorkVisual 配置现场总线类型

现场总线	说明
PROFINET	基于以太网的现场总线。数据交换以主从关系进行。PROFINET 将安装到机器人控制系统中
PROFIBUS	使不同制造商生产的设备之间无需特别的接口适配即可交流的通用现场总线，数据交换以主从关系进行
DeviceNet	基于 CAN 总线并主要用于自动化技术的现场总线。数据交换以主从关系进行
Ethernet/IP	基于以太网的现场总线。数据交换以主从关系进行。以太网/IP 已安装到机器人控制系统中
EtherCAT	基于以太网并适用于实时要求的现场总线
VARAN 从站	可用于在 VARAN 控制系统和 KR C4 控制系统之间建立通信的现场总线

　笔记

注意

配置现场总线需要总线相关的技术文献。

8.5.2　建立现场总线

建立现场总线是为当前项目新建现场总线主机（如 KEB 总线），然后将总线中实际设备添加到现场总线主机中，并配置设备，为后续编辑总线信号和实现总线连接提供硬件基础。

(1) 建立现场总线主机

建立之前需确定现场总线主机设备说明文件已预先添加到了 DTM 样本编目中，并在 WorkVisual 中将机器人控制系统设置为激活状态。建立现场总线主机步骤如下。

① 选择"项目结构"导航器中的"设备"选项卡，展开树形结构，如图 8-30（a）所示；

② 用鼠标右键点击"总线结构"，选择"添加"，弹出 DTM 对话框，选择现场总线主机，点击"OK"键，则建立了现场总线主机，如图 8-30（b）所示。

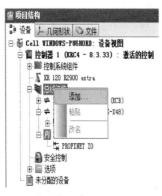

(a) 打开"设备"选项卡　　　　　　(b) 选择现场总线主机

图 8-30　建立现场总线主机

(2) 配置现场总线主机

为现场总线主机配置参数，用鼠标右键点击"现场总线主机"，选择"设置"，在弹出数据窗口中根据需要设定参数，随后点击"OK"键保存。现场总线主机配置有两个选项，即 Master settings（主站 IP）和 Topplogy（拓扑图）。如图 8-31 所示，设置 KEB 总线主站 IP 地址设为：172.17.255.1。

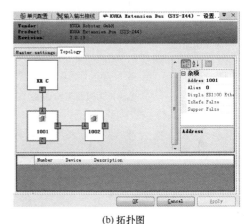

(a) 主站 IP　　　　　　(b) 拓扑图

图 8-31　配置现场总线主机

(3) 将设备添加到总线

为现场总线添加设备之前，需要确定以下条件。

- 现场总线主机已添加在总线结构中；
- 设备已在 WorkVisual 的 DTM 样本目录中；

• 机器人控制系统已激活。

手动添加设备的步骤如下。

① 选择"项目结构"导航器中的"设备"选项卡，展开树形结构；

② 用鼠标右键点击现场总线主机，在弹出菜单中点击"添加"键；

③ 在 DTM 样本中选择所需设备，并点击"OK"键，添加设备。

如图 8-32 所示，为 KEB 现场总线主机添加倍福母线耦合器 EK1100。

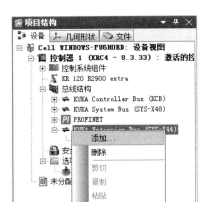

(a) 添加

(b) 选择设备

(c) 加入总线的设备

图 8-32　添加设备

(4) 配置设备

为现场总线主机配置设备，用鼠标右键点击"现场总线主机"中需配置的设备，选择"设置"，在弹出数据窗口中根据需要设定参数，随后点击"OK"键保存。如图 8-33 所示，其中设备地址在总线中自动分配。

8.5.3　编辑设备信号

设备添加到现场总线主机后，可根

图 8-33　配置设备

据信号的需要编辑设备的信号，例如更改信号名称、信号宽度、调整字节顺序及更改数据类型等操作。

① 在窗口"输入/输出线"的选项卡"现场总线"中选中设备；

② 点击窗口右下角按键，进入"信号编辑器"，如图 8-34 所示；

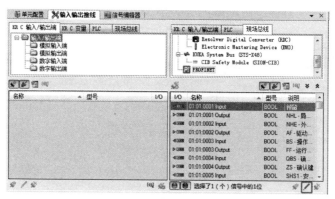

图 8-34　选择编辑信号的设备

③ 在信号编辑器中编辑信号，点击"OK"键，保存编辑内容，如图 8-35 所示。

图 8-35　信号编辑器

8.5.4　连接总线

连接总线是将 KR C、PLC、现场总线设备的输入/输出端进行连接，确定每一个信号的连接，可实现 KR C 与现场设备之间、现场设备之间、KR C 输入/输出之间的信号互接。

（1）窗口"输入/输出接线"

窗口"输入/输出接线"是实现总线连接的主界面，可以通过总线设备、KR C 等选择，实现同一设备或不同设备之间信号连接和解除连接，其主界面如图 8-36 所示。

图 8-36 中①显示输入/输出端类型和现场总线设备，通过左右两个选项卡选定两个需要连接的区域（或设备）；②显示两个区域（或设备）已经连接的信号；③显示两个选定区域（或设备）所有的输入/输出端，在这里实现信号连接；④显示被选中信号所包含的位数。

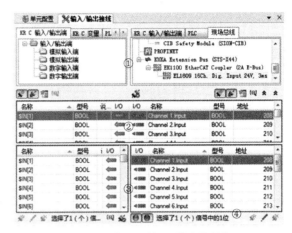

图 8-36　窗口"输入/输出接线"

（2）连接输入/输出端

连接输入/输出端是将设备的输入/输出端配给机器人控制系统的输入/输出端，也可以将机器人控制系统的输入/输出端相互连接。在 KR C4 系统中，机器人输入/输出端分别是 4096 位或 8192 位。

在进行输入/输出端连接前，需满足以下条件：

- 现场总线设备已配置；
- WorkVisual 中总线结构与实际总线结构一致；
- 机器人控制系统已设置为激活。

下面以倍福的 16 位数字输入模块 EL1809 来讲解连接方法，将 EL1809 的输入端口 $IN［1］～$IN［16］分别连接到机器人控制系统的输入端口 1～16 上，如图 8-36 所示。

① 倍福 EL1809 已添加到 KEB 总线上；

② 点击工具栏上 接线编辑器按键，打开接线编辑器；

③ 在窗口左半侧选项卡"KR C 输入/输出端"中选定需接线的机器人控制系统类型，这里选择"数字输入端"，并显示在窗口的左下半部；

④ 在窗口右半侧选项卡"现场总线"中选定"EL1809"数字输入设备，并显示在窗口的右下半部；

⑤ 在下半部两侧选定需要连接信号，点击 "连接"按键，进行信号连接，连接好的信号在窗口中部显示。

（3）信号编组

当现场总线设备的输入/输出端为 BYTE（字节数）或 WORD（字）时，需要将机器人控制系统 8 个或 16 个数字输入/输出端编组为一个 BYTE 或 WORD 数据类型，只有当机器人和设备的输入/输出端数据类型一致时，才能连接输入/输出端。编组的信号可从其名称后缀♯G 看出。

信号编组的前提条件是待编组的信号未连接，下面以编组一个 BYTE 数据类型来示范，编组步骤如下，如图 8-37 所示。

① 在选项卡"KR C 输入/输出端"选定 8 个依次排列的信号，并点击鼠标右键；

② 选择"编组"，在弹出对话框中选择数据类型为"BYTE"，编组完成后的新信号以最低索引号的名称命名，如 $IN［101］～$IN［108］编组为 BYTE，新信号名称为

$IN [101] ♯G。

当需要撤销编组时，用鼠标右键选定带♯G的待撤销信号，选择"撤销编组"，完成撤销。

(a) 选择编组信号

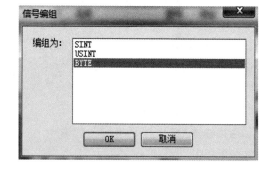

(b) 选择数据类型

名称	▲	型号	说明	I/O
$IN[98]		BOOL		⬅
$IN[99]		BOOL		⬅
$IN[100]		BOOL		⬅
$IN[101]♯G		BYTE		⬅
$IN[109]		BOOL		⬅
$IN[110]		BOOL		⬅
$IN[111]		BOOL		⬅
$IN[112]		BOOL		⬅
$IN[113]		BOOL		⬅

(c) 编组后新信号

图 8-37　信号编组

(4) 导出总线配置

总线专用配置可以 XML 文件形式导出，利用导出的文件在需要时可以检查配置文件。导出步骤如下。

① 选择菜单"文件＞import/export"；

② 在弹出对话框中选择"将 I/O 配置导出到 .XML 文件中"；

③ 选择目录，点击"继续"键，完成导出。

 任务练习（总线配置）

(1) 任务要求

为库卡 KR120 R2900 extra 机器人配置总线，配置要求如下。

① 新建现场总线主机 KEB（SYS-X44），定义主机 IP 地址为 172.17.225.1。

② 为总线主机增加设备。

a. 倍福母线耦合器 EK1100；

b. 倍福 16 位数字输入模块 EL1809；

c. 倍福 16 位数字输出模块 EL2809。

③ 设备总线连接。

a. EL1809 连接到机器人数字输入端 1~16;

b. EL2809 连接到机器人数字输出端 1~16。

④ 导出 I/O 配置文件。

(2) 任务示范

总线配置操作步骤如表 8-11 所示。

表 8-11　总线配置操作步骤

步骤	具体操作	操作示意图
1	在 WorkVisual 中双击"控制器",激活机器人控制系统	
2	用鼠标右键点击"总线结构",选择"添加",在 DTM 样本中选择"SYS-X44"	
3	配置总线,修改 IP 地址	

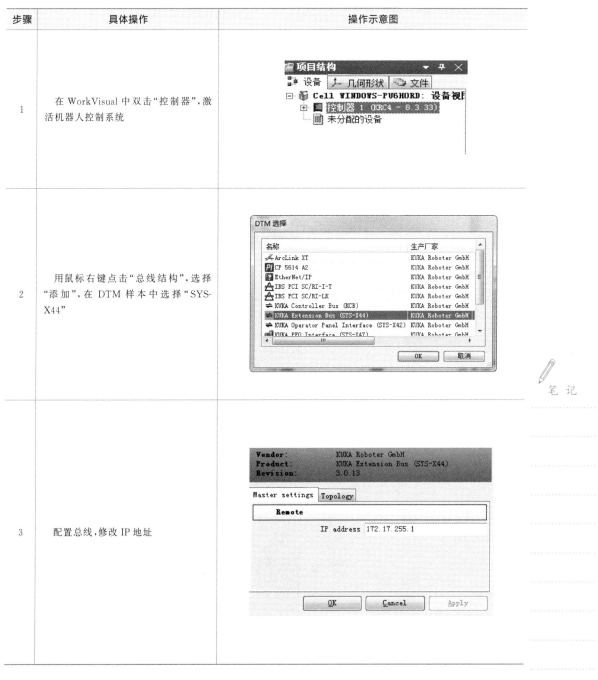

续表

步骤	具体操作	操作示意图
4	在现场总线中依次添加设备 EK1100、EL1809 及 EL2809	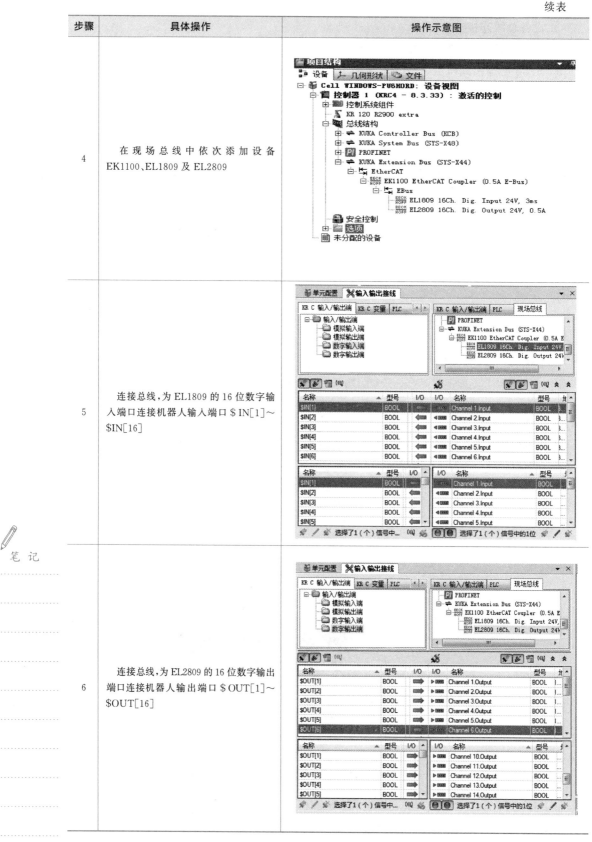
5	连接总线，为 EL1809 的 16 位数字输入端口连接机器人输入端口 $IN[1]~$IN[16]	
6	连接总线，为 EL2809 的 16 位数字输出端口连接机器人输出端口 $OUT[1]~$OUT[16]	

续表

步骤	具体操作	操作示意图
7	点击菜单"文件＞import/export"选择"将 I/O 配置导出到 .XML 文件"，完成配置导出	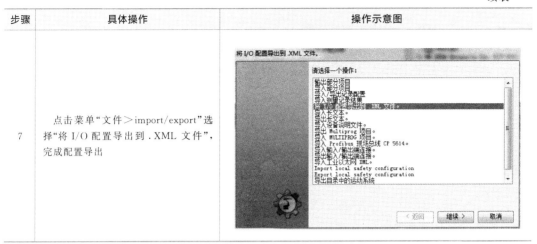

项目小结 ‹‹‹

本项目主要讲解 WorkVisual 基本功能、操作界面、辅助软件安装、项目管理流程、编辑器操作及总线配置。在本项目中，学生主要系统学习 Workvisual 使用，掌握项目流程管理，建立现场总线、编辑设备信号实现总线配置，加深了对 Workvisual 软件的理解，为工业机器人系统集成奠定了一定基础。

课后作业 ‹‹‹

一、填空题

1. 安装有 WorkVisual 软件的计算机与机器人控制系统之间进行项目交换，可使用控制系统中的和 _____ 接口进行网络连接。

2. WorkVisual 中项目结构有三个选项卡，即 _____ 、 _____ 和 _____ 。

二、判断题

1. 使用操作员用户权限可以激活项目。（　　　）

2. 在项目比较区别概览图中，绿色代表"打开项目中存在，但在比较项目中不存在的单元"。（　　　）

三、简述题

1. 简述 WorkVisual 中项目管理的流程。

2. 简述在示教器中激活项目的流程。

参考文献

［1］ 朱洪前. 工业机器人技术［M］. 北京：机械工业出版社，2019.

［2］ 徐文. KUKA 工业机器人编程与实操技巧［M］. 北京：机械工业出版社，2017.

［3］ 叶晖. 工业机器人实操与应用技巧［M］. 北京：机械工业出版社，2010.

笔 记

....

....

....

....

....

....

....

....

....

....